絵とき

鋼構造の設計

改訂4版

粟津清蔵 監修

田島富男・徳山 昭 共著

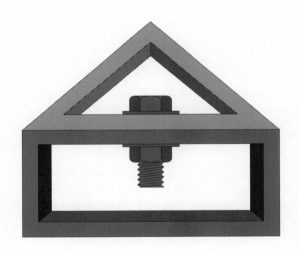

Ohmsha

編 集 委 員 会

は　じ　め　に

　鋼と鉄とは違う．純粋な鉄は柔らかく，このままではものを支えるには無理がある．この鉄に炭素が少し混入すると見違えるほど強靭なものとなる．日本刀に用いる鋼は，砂鉄（酸化鉄）を原料として，炭による炭素還元により製鉄を行った．この炭素の多い鉄を熱いうちにハンマーで鍛錬し，さらに焼入れにより日本刀はつくられた．このため質が高く，今の時代にも名刀として残されている．

　鋼構造とは，主として鋼材を用いてつくられた構造物のことで，一般にコンクリート構造と比較されて表現されている．現在，橋梁で鋼橋の占める割合は相当高い．鋼構造には鉄塔や水門などたくさんあるが，本書では橋梁について取り上げる．

　近年，鋼の強度は飛躍的に改善され，大正 15 年の示方書では設計車両荷重 12 kN，鋼材の引張強さは 390 N/mm^2 であったが，現在は，25 kN，570 N/mm^2 に変革している．

　本書では，構造を立体的な図解表現とし，視覚的に理解しやすいように工夫した．現場に行かなくてもある程度構造が理解できるようにした．また，構造と計算がよく結びついているように構成し，節ごとに分離はしているものの，一連の計算過程で流れている．対象としては工業高校や専修学校，大学の入門書として，初歩の鋼構造における学習に役立つように構成した．

　平成 29 年 11 月には示方書の大きな改定があり，許容応力度設計法から，部分係数設計法を用いた限界状態設計法に改訂された．許容応力度設計法は，同じ材料なら一律の基準で安全を確保してきた．改定では，材料の限界状態に立ち返り，新素材等の導入や維持管理の必要性をはじめとする，さまざまな状況に対して，きめ細かい対応が可能となった．既設の設計が不備だという事はあり得ないと念を押しておく．

　本書は，限られたページであり，すべての事象の表記はできない．限界状態設計法の大きな流れを理解し，改訂 4 版として以前まで扱った例題をなるべく適用する．しかし根幹となる部分係数等については，示方書引用が必至であり，実務でも役立つように，平成 29 年 7 月 21 日国土交通省から発行された「道路橋示方

書Ⅰ～Ⅴ」（閲覧可能）のギリシャ文字も含んだ記号等の表記をなるべく一致させ，可能な限り引用箇所の明示をした．最初は複雑だが，記号になれてくると，示方書の流れが見えてくる．

　改訂4版の目的は，鋼構造の特徴を理解し，鋼橋設計に当たり，限界状態設計法とその手段である部分係数設計法の扱い方の基礎を理解できるよう改訂した．

── 大震災と示方書 ──

　平成7年1月17日午前5時46分に阪神淡路地方に起こったマグニチュード7.3，最大震度7の地震は死者6400人を超える大惨事となった．多くの土木構造物が損壊を受け使用不能となった．

　示方書にそって設計施工された阪神高速道路の橋脚群が，500メートルにわたって連続倒壊した．この道路は古い基準でつくられていたため，補修を試みていたさなか，これらの橋脚は地震の発生時点で補修工事が完了していなかった．

　しかし，このときの震度は100年に1度の確率で発生するほどの，示方書での想定を遥かに超えたものであった．このような大きな地震に対応可能な示方書をつくろうとすると，安全性は向上するが不経済となり限度がある．安全性と経済性の接点の取り方は大変難しい．倒壊構造物は，示方書にそって施工したものと，そうでないものでは，おのずとその責任の重さは明確である．「コンクリート標準示方書では，柱の軸方向に配筋する鉄筋のつなぎの位置を1本ごとに上下にずらした位置で圧接することになっている．この震災ではこれが横1直線となっていたものもあり，その位置で破壊が生じていたことも確認された．設計施工における示方書の遵守は大切なことである．

　また，平成23年3月11日14時46分の東北地方太平洋沖地震ではマグニチュード9.1で最大震度7が観測された．両震災の翌年である平成8年と同24年には示方書の改訂版が発刊されている．

2022年5月

著者らしるす

目　次

第5章　トラス橋の設計

第6章　その他の橋の特徴

本書で使用される示方書の略語一覧

示方書	本文中の略号例
道路橋示方書・同解説書（平成 29 年 11 月）	
I 共通編	➡ H29 道橋示 I-5-2-3
II 鋼橋・鋼部材編	➡ H29 道橋示 II-4-1-7
III コンクリート橋・コンクリート部材編	➡ H29 道橋示 III-5-2-2
IV 下部構造編	➡ H29 道橋示 IV-3-5-3
V 耐震設計編	➡ H29 道橋示 V-2-5-2
日本道路協会編（国土交通省が道路橋示方書を作成）	「道橋示」
コンクリート標準示方書土木学会編	➡ 土コ示

ギリシャ文字の読み方

小文字	大文字	日本語読み	小文字	大文字	日本語読み
α	A	アルファ	ν	N	ニュー
β	B	ベータ	ξ	Ξ	クシー
γ	Γ	ガンマ	o	O	オミクロン
δ	Δ	デルタ	π	Π	パイ
ε	E	イプシロン	ρ	P	ロー
ζ	Z	ゼータ	σ	Σ	シグマ
η	H	エータ	τ	T	タウ
θ	Θ	シータ	υ	Y	ウプシロン
ι	I	イオータ	φ	Φ	ファイ
κ	K	カッパ	χ	X	カイ
λ	Λ	ラムダ	ψ	Ψ	プサイ
μ	M	ミュー	ω	Ω	オメガ

※太字は，本書でよく用いられる文字です．

第 **1** 章

鋼構造の基礎

　鋼はあらゆる産業の礎として貢献し，熱によって生まれ，熱によって変わる強靭な炎の戦士である．鋼を知り，鋼の特性を生かし，構造工学でその力を芽生えさせ，鋼構造は躍進し続けている．部分係数設計法の手法を取り入れて，鋼材の潜在能力を効率よく発揮させ，限界状態設計法で個に応じた無駄のない社会へと貢献し続けている．この章では，そのような鋼構造を実現するための基礎を学ぶ．

ポイント

▶ **鋼の性質** ………鋼とは何か，コンクリートとの違いと特徴を知り，RC の誕生へのルーツを学ぶ．

▶ **作用と応力** ……作用の結果，荷重が生じる．構造物の中で応答して応力が生じる．作用の種類と作用時の状況による分類，作用の特性値の求め方を学ぶ．

▶ **限界状態** ………鋼材の引張試験から限界状態 1，限界状態 2，限界状態 3 の状態を理解する．限界状態設計法ですべきことを学ぶ．

▶ **鋼材の種類** ……鋼材の呼び名と強度の特性値を覚える．

▶ **設計の大前提** …詳細にわたる架橋環境調査をもとに，三つの性能，「耐荷性能」，「耐久性能」，「その他の性能」で照査することを学ぶ．

1 鋼の性質と役割

鋼は鉄より出でて鉄より強し

鋼の性質も添加物しだい

溶鉱炉では，コークスを用いて酸化鉄を還元している．そのため，出きたばかりの鉄は炭素を多く含有している．またイオウやリンなどの不純物も入っており，このままでは大変もろい鉄である．この鉄を銑鉄といい，鋳物とも呼ばれている．この銑鉄から炭素や不純物を取り除くことを精練という．転炉（鉄から鋼に転換）で酸素を吹込み，炭酸ガス化して炭素の量を調整すると，大変粘りのある硬い鉄になる．この鉄を鋼という．炭素の含有量による鉄の分類は，**表 1・1**のようである．

このように，鉄の炭素含有量が多くなるほど硬くなり，鋳鉄のようにもろさが生じる．また，鋼のうち炭素が 0.2 ～ 0.3% を軟鋼，0.5 ～ 0.8% を硬鋼と呼んでいる．

表 1・1 炭素の含有量による鉄の分類

炭素量〔%〕	分類
0　 ～ 0.02	純鉄
0.02 ～ 2.1	鋼
2.1 ～ 6.7	鋳鉄

鉄と炭素の合金で鉄より強い鋼

鉄の中の炭素は硬さや強度を増す主役であるが，他にもケイ素やマンガン，銅，ニッケル等がある．また，リンやイオウは赤熱状態で弱さを生じさせるので，少ないほど良質の鋼材であるといえる．リンは寒冷時において弱く，イオウは赤熱状態で弱くなるように働く．各元素の含有による鋼材の性質は，**表 1・2**に示す通りである．また，焼き入れ・焼き戻しの熱処理を行った鋼を**調質鋼**という．

表1・2　各元素の含有率による鋼材の性質

元素	元素の含有率による鋼材の性質	元素	元素の含有率による鋼材の性質
炭素	含有量 1% 増すごとに 980 N/mm^2	クロム	耐摩耗，錆びにくい，焼き入れ特性向上
ケイ素	鋼の強さと硬さ増加で，炭素の 1/10 程度の作用	ホウ素	0.003% 程度で焼き入れ特性向上
マンガン	鋼の強靭性と焼き入れ特性の向上効果あり，高張力鋼には 1.3% 程度入っている	モリブデン	焼き入れ深さ高温引張強さ増大
リン・イオウ	有害元素で，少ないほど良質な鋼	銅	0.4% 以下なら耐候性大，多いと割れ増大
チタン	鋼の焼き入れ特性の向上	コバルト	赤熱されても硬度を維持

コンクリートよりも純血の鋼

　鋼材は，ほとんど鉄という単体材料である．ところがセメントコンクリートは，図1・1に示すように，砂利，砂，セメント，水，空気，混和剤などの質量や性質の異なる成分を混合している．その結果，強度のバラツキが生じる．

　コンクリートへの圧縮作用では，骨材（砂利や砂）同士の直接接触で，圧縮強度は骨材強度そのままで発揮される．しかし，引張作用ではセメントの接着力に依存され，1/10程度となる．このため，引張部材では鉄筋を用いて補強する．これが RC である．また，コンクリートが固化するまでの施工時間を要すが，材料は安価で現地で入手しやすい．また，強度的に同じ断面積なら鋼材の方が約15 倍強い．鋼はコンクリートよりも約 3.3 倍

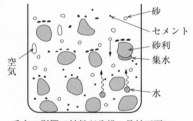

重力の影響で材料が分離，骨材下面に集水し強度低下となる．

図1・1　コンクリートの材料

重いが，強度がある分，鋼構造の方が自重を抑えることができる．

　コンクリートの強みは，熱や錆（さび）に強い事である．しかし，引張作用を鉄筋に頼る構造が多いことから，維持管理の面では，環境変化によるコンクリートの中性化などによる補強役である鉄筋の錆に対する耐久性能に留意を要する．

作用（荷重）と
応答値（応力）

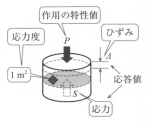

図 1・2 に示すように，部
材に力が作用すると部材内
部に，それに応じた力や変形
が生じる．応じた力を**応力**，変形を**ひずみ**という．こ
れらの応力やひずみの値を**応答値**という．また，応答
値を生じさせるすべての働きを**作用**という．作用には
荷重だけでなく，「温度変化の影響」や「地震の影響」
などがある．これらの影響により部材に働く作用とし

図 1・2　作用と応力

て変換したものを**作用の特性値**といい，初めて荷重となる．

　このように，各作用や各部材の応答の性質を表す指標の値を**特性値**という．例
えば，作用では活荷重の特性値，材料では降伏点強度の特性値，溶接部強度の特
性値，0.2% ひずみの特性値などという．

　降伏点強度の特性値に，限界状態を超えないと見なせる安全余裕を考慮して定
めた値を**制限値**と呼ぶ．示方書では，この値を限界状態の照査基準としている．
部材に作用する形態には，**図 1・3** に示すように，圧縮や引張りの軸方向力 P，
ハサミのように無限に接近した方向が反対のせん断力 S，力と距離で曲げようと
する曲げモーメント M，回転力によるねじりモーメント T がある．

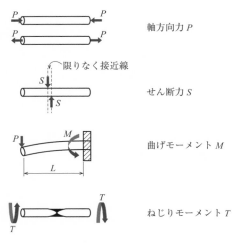

図 1・3　部材に作用する形態

　図1・4のように部材に生じる応力を比較するには，軸方向力（＝応力）Pを断面積Aで除し，単位面積当たりの応力σで比較する．これを軸方向力の応答値としての応力度σという．**図1・4**の応力度σ_{c1}，σ_{c2}のように，軸方向力が大きくても応答値が大きいとは限らない．

　また，軸方向圧縮力を受ける部材は，同一荷重ならば，部材の断面方向のわりに長さが大きい，これを長柱という．長柱は強度が十分あるのに簡単に曲がって破壊する．これを**座屈破壊**という．**図1・4**では柱の断面中心に圧縮荷重が作用しているが，長さの割りに十分な断面幅があり，これを短柱という．短柱での軸方向圧縮力に対しての破壊を**圧座破壊**という．軸方向引張力を受ける部材では破断するまで強度を発揮する．

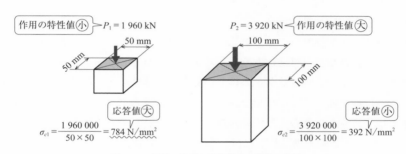

図1・4　部材の作用の特性値と応答値の比較

圧縮力と支圧力

　支圧力は圧縮力の仲間である．**図1・5**に示すように，対象断面全体に作用するのが圧縮力で，断面の一部に作用するのが支圧力である．橋脚などの支承部を支える力は支圧力である．一般に力が作用する周囲の数倍ほどが，ともに抵抗し，局部作用面より大きめの抵抗力を示すといわれている．

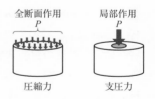

図1・5　圧縮力と支圧力

鋼材の種類と引張試験

　鋼材を引張るとき，部材内に応じた力，断面力（応力）が生じ，伸び（ひずみ）て破断する．**図1・6**は鋼材の引張試験機で描かれた図で縦軸に応力，横軸にひずみを

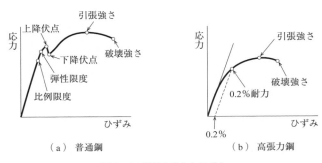

図1・6　鋼材の応力とひずみ

とっている．図1・6（a）のように直線部を描き破断するものと，図1・6（b）のように曲線のまま破断するものがある．図1・6（a）は普通鋼，図1・6（b）は高張力鋼の引張試験結果を示す．

　普通鋼では，直線部分の頂点を**比例限度**，さらに進んだ点で力を抜いても原点に戻る点を**弾性限度**（可逆性あり）と呼ぶ．この点を過ぎると原点に戻らない**残留ひずみ**となる．さらに負荷をかけていくと，上降伏点・下降伏点となり，伸びが急激に増加する．さらに負荷をかけると，最大応力に達するが，この点を**引張強さ**という．さらに進むとひずみが加速し，破壊強さの点で破断する．

　図1・6（b）の高張力鋼の場合には，弾性限度と降伏点が描かれないので，0.2%のひずみが残る点を降伏点（0.2%耐力）と定める．試験では応力とひずみを単位当たりに換算し，応力度とひずみ度で試験結果とする．一般に高張力鋼は引張強さ 490 N/mm^2 以上であり，490 N/mm^2 未満を普通鋼という．現在では，圧延工程で，熱加工制御の工夫により降伏点強さ 700 N/mm^2 も出現している．強度の特性値は，前述の強度試験のばらつきも考慮し，下限の強度を基に設定されており，JIS および JSS（日本鋼構造協会規格）に規定されている．これらの強度規格値を強度の特性値（**表1・3**）という．また，**図1・8**に，構造用鋼材の代表的な鋼種記号の呼び方を示す．

表 1・3　構造用鋼材の強度の特性値〔N/mm²〕　　　➡ H29 道橋示 II-4-1

鋼の強度の特性値 / 鋼材の板厚〔mm〕	鋼種	SS400 SM400 SMA400W	SM490	SM490Y SM520 SMA490W	SBHS400 SBHS400W	SM570 SM570W	SBHS500 SBHS500W
引張降伏 圧縮降伏	40 以下	235	315	355		450	
	40 を超え 75 以下	215	295	335	400	430	500
	75 を超え 100 以下			325		420	
引張強度		–	400	490	490 (520)¹⁾	490	570	570
せん断降伏	40 以下	135	180	205		260	
	40 を超え 75 以下	125	170	195	230	250	285
	75 を超え 100 以下			185		240	
支圧　鋼板と鋼板との間の支圧強度²⁾	40 以下	235	315	355		450	
	40 を超え 75 以下	215	295	335	400	430	500
	75 を超え 100 以下			325		420	
ヘルツ公式で算出する場合の支圧強度²⁾	40 以下 40 を超え 75 以下 75 を超え 100 以下	1 250	1 450	–	–	–	–

注：1）（ ）は SM520 材の引張強度の特性値を示す.
注：2）局面接触において, **図 1・7** に示す r_1 と r_2 との比 r_1/r_2 が, 円柱面と円柱面は 1.02 未満, 球面と球面は 1.01 未満となる場合は, 平面接触として取り扱う. この場合の支圧強度は, 投影面積について算出した強度に対する値である.

図 1・7　曲面接触

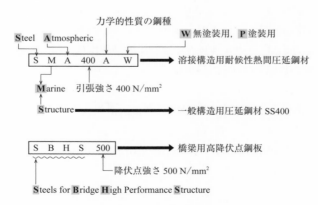

図 1・8　鋼種の名称

　鋼種を選択する場合の留意点としては「降伏点強さ / 引張強さ」を降伏比 *YR* という．高張力鋼は，この値が小さく，降伏点から破壊までのエネルギー吸収能力が高い（伸びても持ちこたえる）ことになる．一方，SBHS は降伏比を大きくし，予熱をほぼ失くした溶接加工性や断面薄化で軽量化できるなどの配慮がされている．

　表 1・4 に鉄筋コンクリート用棒鋼の特性値を，**表 1・5** に摩擦接合用高力ボルト・同トルシア形高力ボルトの強度の特性値を示す．

表 1・4　鉄筋コンクリート用棒鋼の強度の特性値〔N/mm²〕

➡ H29 道橋示 II-4-1

特性値 ＼ 棒鋼の種類	SD345
引張降伏・圧縮降伏	345
引張強度	490
せん断降伏	200

表 1・5　摩擦接合用高力ボルトの強度の特性値〔N/mm²〕

➡ H29 道橋示 II-4-1

応力の種類 ＼ ボルトの等級	F8T	F10T	S10T	S14T[1]
引張降伏	640	900	900	1 260
せん断破壊	460	580	580	810
引張強度	800	1 000	1 000	1 400

注：1）防せい処理されたボルトとする．

形　鋼

　断面の寸法や部材の長さは JIS により決められており，これを定尺物という．鋼材料を加熱炉で加熱し，スケール除去して，4 段階程度に配置された熱間圧延機のローラで形鋼に仕上げていく．鋼板をカットして溶接で断面をつづり合わせないで済むので，時間的にも強度的にも効率的である．大断面でなければ設計ではフルに活用すべきである．巻末の付録に形鋼の断面規格を示す．鋼種も各種ある．形鋼の呼び名または寸法の表示方法を**図 1・9**に示す．形鋼は図 1・9 に示すように，A ＝ B の等辺山形鋼，A ≠ B の不等辺山形鋼，溝型鋼，H 形鋼，他にプレートガーダー橋にも用いられる I 形鋼などがある．

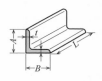
L　$A×B×t−L$
（a）　山形鋼

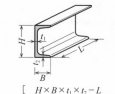
[　$H×B×t_1×t_2−L$
（b）　溝形鋼

H　$H×B×t_1×t_2−L$
（c）　H形鋼

図1・9　形鋼の断面寸法

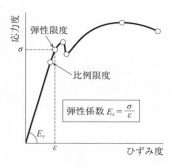

図1・10　鋼材の弾性係数

弾性限度
比例限度

$$弾性係数\ E_s = \frac{\sigma}{\varepsilon}$$

応力度
ひずみ度
σ
E_s
ε

鋼の物理定数

鋼材の物理定数である弾性係数 E_s は，**図1・10** に示すように，ひずみ度分の応力度で求まる．

弾性限度内でひずんだひずみは，作用をなくせばゼロに戻る．弾性係数 E_s の勾配が垂直になるほど強い．すなわち材料の強さを示す．発見者イギリスのヤング氏にちなみヤング係数ともいう．**表1・6**に鋼材のヤング係数を示す．

表1・6　鋼材のヤング係数

鋼　　　種	定　　　数
鋼および鋳鋼のヤング係数	$2.0 ×10^5\,\text{N/mm}^2$
PC鋼線およびPC鋼棒のヤング係数	$2.0 ×10^5\,\text{N/mm}^2$
PC鋼より線のヤング係数	$1.95×10^5\,\text{N/mm}^2$

コンクリートのヤング係数 E_c は，圧縮強度の 1/3 の点における応力度 σ_c とひずみ度 ε_c との比 $E_c = 1.4 × 10^4\,\text{N/mm}^2$，鉄筋コンクリート床版や PC 床版での設計に用いる鋼材とコンクリートのヤング係数比は $n = 15$ としてよい．よって鋼材の方が 15 倍強いことになる．しかし，合成床版では設計基準強度 σ_{ck} に応じた E_c を用いる．例えば，$\sigma_{ck} = 30\,\text{N/mm}^2$ では，$E_c = 2.80 × 10^4\,\text{N/mm}^2$ で $n ≒ 7$ としている．

→ H29 道橋示 II-11-2-1

温度変化による特性値は，拘束された部材が，温度変化によるひずみ度 ε により，応力度が発生する．応力度 σ は，$\sigma = E_c・\varepsilon$ で算出できる．同様にコンクリートの収縮やクリープによる応力度も算定可能となる．

2 許容応力度設計法と限界状態設計法

ハンディは限界状態に応じて

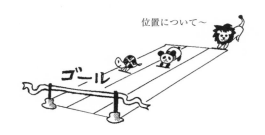

位置について〜

ゴール

許容応力度設計法と 限界状態設計法の 違い

平成 30 年 1 月 1 日から許容応力度設計法から限界状態設計法に改められた．設計するには，部材に作用すると思われる荷重をすべて想定する．材料の強度は試験によって定める．

図 1・11 に示すような，ヘリポートを鋼管で海中に建設することを考えてみる．荷重は，活荷重 L，着陸の衝撃の影響 I，死荷重（自重）D，風圧 W，衝突荷重 CO，地震の影響 EQ など P_1，P_2・・・P_i と多岐にわたる．個々の値 P_i を作用の特性値という．

(1) 許容応力度設計法

作用側である設計荷重は，各作用の特性値 P_i の単純な和（作用効果 P）である．図 1・11 中の**式(1・1)** に示すように，部材の許容応力度 σ_a に断面積 A を乗じた値を制限値 P_R とすると，この時，$P \leqq P_R$ で安全とする．これを照査という．

(2) 限界状態設計法

作用の特性値 P_i に，**表 1・7** に示す各作用の同時載荷状況の補正として**荷重組合せ係数** γ_{pi}，荷重自体のバラツキを補正する**荷重係数** γ_{qi} を乗じて加え，作用側の設計荷重である作用効果 P とする．一方，抵抗側は，**限界状態の材料の特性値 f_c**（降伏点強さ）に**寸法の特性値 A**（断面積）を乗じて求めた部材の抵抗に係る特性値に，調査や解析の質に関する**調査解析係数** ξ_1（ξ：クシーと読む），部材の品質や構造形態の違いに関わる**部材構造係数** ξ_2，材料や施工のバラツキを独立した部分係数として**抵抗係数** Φ_R を乗じて，抵抗側の発揮できる**制限値 P_R** とする．図 1・11 中の**式(1・2)** に示す比較により，安全の照査をする．

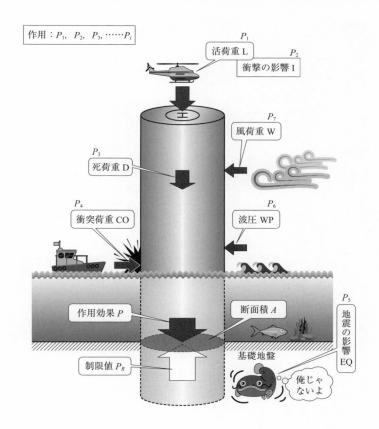

図1・11　許容応力度設計法と限界状態設計

表 1・7　作用の組合せに対する荷重組合せ係数および荷重係数　→H29 道橋示 I -3-3

作用の組合せ	作用の組合せ	設計状況の区分	死荷重 (D)		活荷重 (L)		プレストレスト(PS) クリープ(CR) 乾燥収縮(SH)		土圧(E) 水圧(HP) 浮力揚圧(U)		温度変化 (TH)		温度差 (TF)		雪荷重 (SW)		地盤変動(GD) 支点移動(SD)		遠心荷重(CF) 制動荷重(BK)		桁風荷重 (WS)		活風荷重 (WL)		波圧 (WP)		地震 (EO)		衝突荷重 (CO)	
			γ_p	γ_q	γ_p	γ_q	γ_p	γ_q	γ_p	γ_q	γ_p	γ_q	γ_p	γ_q	γ_p	γ_q	γ_p	γ_q	γ_p	γ_q	γ_p	γ_q	γ_p	γ_q	γ_p	γ_q	γ_p	γ_q	γ_p	γ_q
①	D	永続作用支配状況	1.00	1.05	—	—	1.00	1.05	1.00	1.05	1.00	1.00	1.00	1.00	1.00	1.00	1.00	1.00	1.00	1.00	—	—	—	—	1.00	1.00	—	—	—	—
②	D+L	変動作用支配状況	1.00	1.05	1.00	1.25	1.00	1.05	1.00	1.05	1.00	1.00	1.00	1.00	1.00	1.00	1.00	1.00	1.00	1.00	—	—	—	—	1.00	1.00	—	—	—	—
③	D+TH		1.00	1.05	—	—	1.00	1.05	1.00	1.05	1.00	1.00	1.00	1.00	1.00	1.00	1.00	1.00	—	—	—	—	—	—	1.00	1.00	—	—	—	—
④	D+TH+WS		1.00	1.05	—	—	1.00	1.05	1.00	1.05	0.75	1.00	1.00	1.00	—	—	1.00	1.00	—	—	0.75	1.25	—	—	1.00	1.00	—	—	—	—
⑤	D+L+TH		1.00	1.05	0.95	1.25	1.00	1.05	1.00	1.05	0.75	1.00	1.00	1.00	1.00	1.00	1.00	1.00	1.00	1.00	—	—	—	—	1.00	1.00	—	—	—	—
⑥	D+L+WS+WL		1.00	1.05	0.95	1.25	1.00	1.05	1.00	1.05	1.00	1.00	1.00	1.00	1.00	1.00	1.00	1.00	1.00	1.00	0.50	1.25	0.50	1.25	1.00	1.00	—	—	—	—
⑦	D+L+TH+WS+WL		1.00	1.05	0.95	1.25	1.00	1.05	1.00	1.05	0.5	1.00	1.00	1.00	1.00	1.00	1.00	1.00	1.00	1.00	0.50	1.25	0.50	1.25	1.00	1.00	—	—	—	—
⑧	D+WS		1.00	1.05	—	—	1.00	1.05	1.00	1.05	—	—	—	—	1.00	1.00	—	—	—	—	1.00	1.25	—	—	1.00	1.00	—	—	—	—
⑨	D+TH+EQ		1.00	1.05	—	—	1.00	1.05	1.00	1.05	0.5	1.00	—	—	—	—	—	—	—	—	—	—	—	—	1.00	1.00	0.50	1.00	—	—
⑩	D+EQ		1.00	1.05	—	—	1.00	1.05	1.00	1.05	—	—	—	—	—	—	1.00	1.00	—	—	—	—	—	—	1.00	1.00	1.00	1.00	—	—
⑪	D+EQ	偶発作用支配状況	1.00	1.05	—	—	1.00	1.05	1.00	1.05	—	—	—	—	—	—	1.00	1.00	—	—	—	—	—	—	—	—	1.00	1.00	—	—
⑫	D+CO		1.00	1.05	—	—	1.00	1.05	1.00	1.05	—	—	—	—	—	—	1.00	1.00	—	—	—	—	—	—	—	—	—	—	1.00	1.00

　なお照査は，作用側と抵抗側で，単位当たりの応力〔N/mm²〕で照査してもよい．各部分係数値は道橋示に表の形式で示されている．よりきめ細かい設計を可能とするために，作用側と抵抗側にそれぞれ独立した係数を取り入れるので，部分係数設計法と呼んでいる．各材料の降伏点強さや引張強さおよび圧縮部材における座屈破壊を限界状態の境界とした設計法であるので，限界状態設計法と呼んでいる．

➡ H29 道橋示 I-5-2

［例題1］　作用する荷重として自重 $P_d = 50$ kN，ヘリコプター $P_l = 20$ kN が柱に鉛直に作用した場合の作用効果 P を部分係数を用いて求めよ．ただし他の作用はないものとする．

［解答］　死荷重 D と活荷重 L が作用する．表1・7の作用の組合せ②の D＋L より D の列から $\gamma_p = 1.00$ と $\gamma_q = 1.05$，L の列から $\gamma_p = 1.00$ と $\gamma_q = 1.25$ の部分係数を拾い出す．

　限界状態設計法の作用効果は，

$$P = 1.00 \times 1.05 \times P_d + 1.00 \times 1.25 \times P_l$$
$$= 1.00 \times 1.05 \times 50 + 1.00 \times 1.25 \times 20$$
$$= 77.5 \text{ kN}$$

　許容応力度設計法の作用効果は，

$$P = P_d + P_l$$
$$= 50 + 20$$
$$= 70 \text{ kN}$$

となる．

➡ H29 道橋示 I-3-3

　一般に設計計算では，最終段階で有効数字が3桁になるように処理する．例として 77.5，0.0123，123，1.00×10^3 は3桁である．

➡ H29 道橋示 II-1-3

作用の種類と状況区分

（1）表1・7の作用状況の区分の意味

　大きく分けて**表1・8**のように死荷重などの**永続作用**，活荷重などの**変動作用**，衝突などの**偶発作用**の三種類に分類できる．

表 1・8　作用状況と作用の例　　　　　　　　　　　　　　　➡ H29 道橋示 I-2-3

作用区分	作用の頻度や特性	作用の例
永続作用支配状況	常時または高い頻度で生じ，時間的変動がある場合にもその変動幅は平均値に比較し，小さい．	死荷重，プレストレス，環境作用等
変動作用支配状況	しばしば発生し，その大きさの変動が平均値に比較し無視できず，かつ変化が偏りを有していない．	活荷重，風荷重，温度変化，雪，地震動等
偶発作用支配状況	極めてまれにしか発生せず，発生頻度を統計的に考慮したり，発生に関する予測が困難である作用．ただし，一旦生じると橋に及ぼす影響が甚大となり得ることから，社会的に無視できない．	衝突，最大級地震動等

　構造物に何らかの状態変化を与える作用の種類を三つの支配状況に分類して略号も含め**表 1・9** に示す．扱いについては下記の点について留意すること．

　1. 水圧（HP）は平常時水深では永続作用として，災害などでは変動作用として働く．
　2. 橋全体としての温度変化（WS）と部材間の温度差（WL）の影響を分離して設定する．
　3. トラックなどへの横風に対しても荷重（WL）が発生する．
　4. その他の作用としては施工時の作用の変化や交差する河川や道路などからの作用も設計に反映していく．具体的な調査からも予想される作用をあげていく．

　表 1・7 に示す作用の組合せと部分係数 γ_q, γ_p の値は 100 年というスパンを基準に信頼性理論や過去の実績調査も参考にして決めている．したがって，許容応力度法による過去の成果との隔たりはあまりない．

　平成 29 年道橋示には，設計書の最初に，維持管理の容易さも含め架設環境を十分調査し，設計状況を漏れなく計上するよう定めている．

(2) 荷重の組合せ方の例

　表 1・10 のように，永続作用，変動作用，偶発作用の三つの支配状況下ですべて取り上げ，照査する．各部材ごとに，軸方向力，曲げモーメント，せん断力等を見極め，応力度〔N/mm²〕を算出，すべての作用の組合せで算出し，さらにその中でも最大値を制限値と比較して照査する．本書では，①と②の作用の組合せで学習する．

表 1・9 作用の種類と三つの支配状況 ➡ H29 道橋示 I-3-1

作用の種類（略号）	永続作用	変動作用	偶発作用
死荷重（D）	○		
活荷重（L）		○	
衝撃の影響（I）		○	
プレストレス力（PS）	○		
コンクリートのクリープの影響（CR）	○		
コンクリートの乾燥収縮（SH）	○		
土圧（E）	○	○	
水圧（HP）	＊	○	
浮力または揚圧力（U）	＊	○	
温度変化の影響（TH）		○	
温度差の影響（TF）		○	
雪荷重（SW）		○	
地盤変動の影響（GD）	○		
支点移動の影響（SD）	○		
遠心荷重（CF）		○	
制動荷重（BK）		○	
橋桁に作用する風荷重（WS）		○	
活荷重に対する風荷重（WL）		○	
波圧（WP）		○	
地震の影響（EQ）			○
衝突荷重（CO）			○
その他			

＊水位の変動幅や橋への荷重効果としての変動幅では永続作用.

表 1・10 作用の組合せの例 ➡ H29 道橋示 I-3-3

	支配状況	作用記号の組合せ（同時作用の各作用の特性値を求め，荷重係数を乗じ合計する）
①	永続作用	D + PS + CR + SH + E + HP + (U) + (TF) + GD + SD + WP + (ER)
②	変動作用	D + L + I + PS + CR + SH + E + HP + (U) + (SW) + GD + SD + (CF) + (BK) + WP + (ER)
⑪	偶発作用	D + PS + CR + SH + E + HP + (U) + GD + SD + EQ　　　　⑫は EQ ⇨ CO

＊（ ）は橋にとって最も不利な状況になるよう配慮すること.

3 橋設計の大前提

百年たっても三つのお願い

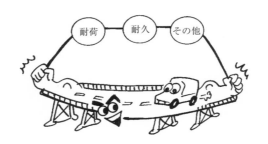

> **設計の考え方と
> 三つのお願い**

橋は道路の一部である．道路としての機能面の適合性，構造物としての安全性を確保し，**供用期間を100年と定め**，施工法から維持管理方法も含め，設計書に反映記載する．道路としての適合性や構造物としての安全性を性能という表現で実現するため，**図1・12** に示すように，**(1)耐荷性能**，**(2)耐久性能**，**(3)その他の性能**を照査する．設計する各性能（1），（2），（3）の順番は特に規定していない．

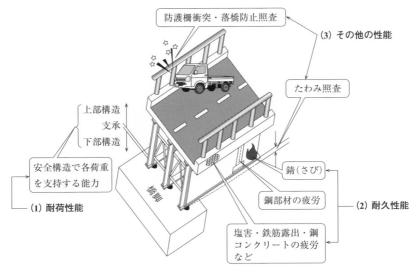

図1・12　橋に求められる三性能　　➡ **H29 道橋示 I-1-8-1**

（1）耐荷性能

耐荷性能には**橋の重要度 A 種 B 種**（活荷重の AB 区分と類似）に応じて，耐荷性能 1 と耐荷性能 2 を定めている．耐荷性能 2 の橋では**表 1・11** に示すように，三種類の永続・変動・偶発の作用状況を組合せ，限界状態 1 から 3 を超えないことを照査する．

表 1・11　耐荷性能 2（B 種の橋）

作用状況 **➡ H29 道橋示 I-2-1** **➡ H29 道橋示 II-3-2**	橋の限界状態		**➡ H29 道橋示 I-5-1**
	主として機能面からの限界状態		構造安全面からの橋の限界状態
	限界状態 1 橋としての荷重を支持する能力が損なわれていない限界の状態	**限界状態 2** 部分的に荷重を支持する能力の低下が生じているが，橋としてあらかじめ想定する荷重を支持する能力の範囲である限界の状態	**限界状態 3** 落橋などの致命的な状態ではない限界の状態
永続作用や変動作用が支配的な状況	限界状態 1 を超えないことを所要の信頼性で実現する		限界状態 3 を超えないことを所要の安全性を確保する
偶発作用が支配的な状況		限界状態 2 を超えないことを所要の信頼性で実現する※1)	限界状態 3 を超えない所要の安全性を確保する
鋼橋・鋼材の状況	弾性限度内で可逆性を有する	非弾性から塑性範囲（戻らないひずみ）	ひずみ限界で破断直前

※1)：A 種の橋では省く．

例えば，表 1・7 に示す②と⑪の組合せなら，**永続作用や変動作用が支配的な状況**は，**限界状態 1 と限界状態 3** について限界を超えないことを照査する．さらに，**偶発作用が支配的な状況**については，**限界状態 2 と限界状態 3** で照査する．

鋼橋では，平成 29 年道橋示方書 II 鋼橋・鋼部材編に，各限界状態ごとに各係数や照査式が示されている．鋼橋の上部構造の照査は，橋全体ではなく**部材等の耐荷性能で代表させることができる**．一般に各部材の抵抗に係る特性値は，図 1・6「鋼材の応力とひずみ」で示した降伏点強さが用いられている．次に破断がくる引張強さでの状態判断では不安である．弾性限度，降伏点強さ（0.2% 耐力），

引張強さは各限界状態 1，2，3 をよく示している．

　本書では鋼構造の基本的な事柄や，部分係数などの扱い方の理解に重点を置き，すべての荷重の組合せを網羅していないが考え方は同様である．

（2）耐久性能

　耐久性能は，経年的な劣化による影響で，橋の耐荷性能に影響を及ぼさないことを所要の信頼性で実現する性能である．

1. 耐久期間を部材ごとに設定し，部材補修や交換工事計画で**100 年の供用に耐える**ようにする．　　　　　　　　　　　　　➡ H29 道橋示 I-6-1

2. 鋼材の腐食に対しては**防錆防食**を施す．補修施工がしやすい構造として，**維持管理を確実に実施**できるようにする．　　　➡ H29 道橋示 II-7-2

3. 疲労に対しては，**疲労設計荷重（F）**を想定し（T 荷重同じ），各車線 1 台を移動載荷させ振動サイクルより変動応力を算出し，**継手部の疲労強度を算定**，継手形式ごとの**強度等級**で照査する．　➡ H29 道橋示 II-8-2

4. **鉄筋コンクリート床版の内部鋼材の腐食**に対しては，死荷重による曲げ応力度の制限値 100 N/mm^2（SD345）を設けている．材料の抵抗値ではない．　　　　　　　　　　　　　　　　　➡ H29 道橋示 II-11-6

5. コンクリート床版厚は交通量等を考慮して決める．　➡ H29 道橋示 II-11-5

（3）その他の性能

　その他の性能は，橋の使用目的との適合性の観点から，必要な通行の安全性や快適性に関する性能を満足させる．

1. 落橋などの不測の損傷等に対する支承部への安全策（フェールセーフ）が要求される．

2. たわみ量の計算，流木の衝突や問題発生時の通行者や周辺環境への影響など考慮し，設計に反映する．　　　　　　　　　　➡ H29 道橋示 I-7-1

設計の流れ	単純プレートガーダー橋の設計の流れは，概ね次のように行われる（床版との合成なしの例）.

橋梁計画の前提条件	橋の重要度，設計供用期間，架橋環境調査，耐荷性能選択，耐久性能，その他の性能，維持管理の方針，橋の形式，橋梁一般図，施工に関する事項

設計条件の決定	・構造諸元（橋種・支間・工法等） ・耐荷性能（作用種類・地盤種別・地震動レベル等） ・耐久性能（部材の耐久期間・塗装・疲労設計荷重等） ・使用材料（種別と特性値，物理定数）

断面の仮定	既設設計断面や仮定断面の式，示方書の断面制限などを用いて仮定. 死荷重の特性値再計算を要す.

性能照査	① **耐荷性能** → 作用算出 → 組合せ作用効果算出 → 制限値の算出 → 限界状態1と限界状態3の作用効果 ≦ 各制限値で照査する.（※限界状態3の照査をもって限界状態1の照査OKとみなすこともある.） ➡ H29 道橋示 II-5-3-6 ② **耐久性能** → 床版厚とかぶり，床版鉄筋腐食，F荷重による疲労，防錆防食 ③ **その他の性能** → 活荷重のたわみ量の制限値

END

4 設計作用の特性値

設計は荷重100％で

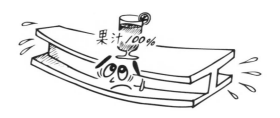

> ### 死荷重と
> ### 単位重量

設計荷重のことを，作用の特性値という．ここでは，特によく用いられる活荷重 L，死荷重 D，衝撃荷重 I，風荷重 W，温度変化の影響 TH，地震の影響 EQ について触れておく．死荷重は構造物自体の重さで，設計開始の段階ではまだ不確定な荷重である．設計時には既存構造物などを参考に，示方書の寸法基準を考慮し断面寸法の仮定を行う．断面確定での死荷重を再計算し，仮定時と差がある場合には再計算を行う．死荷重の算定は，**図 1・13**「単位当たりの重量」に示すように，部材断面積に**表 1・12**「材料の単位体積重量」を乗じて求められる．

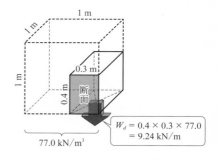

$W_d = 0.4 \times 0.3 \times 77.0$
$= 9.24 \text{ kN/m}$

図 1・13　単位当たりの重量

> ### 活荷重と
> ### 載荷方法

自動車や列車，群集のように時間とともに変動する荷重を活荷重という．設計に用いる荷重は，車両総重量 245 kN の大型車を想定している．活荷重には，**表 1・13** に示すように，交通状況により A 活荷重と B 活荷重がある．

車輪がほぼ直接作用する床版・床組の設計には T 荷重（後輪）を，床版や床組みを支える主桁の設計では自動車群を均した L 荷重が用いられる．

表 1・12　材料の単位体積重量　〔kN/m³〕　　➡ H29 道橋示 I-8-1

材　　　料	単位体積重量	材　　　料	単位体積重量
鋼・鋳鋼・鍛鋼	77.0	コンクリート	23.0
鋳鉄	71.0	セメントモルタル	21.0
アルミニウム	27.5	木材	8.0
鉄筋コンクリート	24.5	瀝青材（防水用）	11.0
プレストレスを導入するコンクリート（設計基準強度 60 N/mm² 以下）	24.5	アスファルト舗装	22.5
プレストレスを導入するコンクリート（設計基準強度 60 N/mm² を超え 80 N/mm² まで）	25.0		

＊橋に用いる材料の単位体積重量はその平均値を特性値として用いてよい.

表 1・13　A 活荷重と B 活荷重の適用　　➡ H29 道橋示 I-8-2

A 活荷重	B 以外の市町村道路で，大型の自動車の交通状況に応じて A または B とする.
B 活荷重	高速自動車国道，一般国道，都道府県道およびこれらを結ぶ道路と基幹的な市町村道路網となる道路.

(1) 床版・床組の設計活荷重

　車道部における床版の設計では，車輪の荷重が直接作用するので，図 1・14 に示す T 荷重（トラック荷重）を載荷する．T 荷重は橋軸方向（図 1・14 (a)）には後輪 1 組（200 kN），橋軸直角方向（図 1・14 (b)）には組数の制限がなく載荷させる．歩道部では，群集荷重として 5.0 kN/m² の等分布荷重を載荷する.

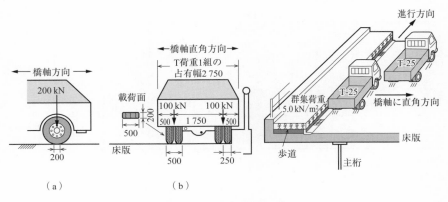

図 1・14　T 荷重（単位 mm）

　B 活荷重による床組（縦桁）の設計では，T 荷重を同様に載荷するが，床組みの支間が長くなると前輪も同時に載荷されてくる．このため，床版を介して算出された断面力に**表 1・14** に示す係数を乗じるが，かつ，係数の上限は 1.5 以下とする．床組（縦桁）の支間長が長い場合（15 m 以上）では，L 荷重で設計を行ってもよい．この場合には，表 1・14 の係数は乗じない．床版・床組みの設計で，歩道には群集荷重として 5.0 kN/mm² の等分布荷重を載荷する．

表 1・14　床組の設計に乗ずる係数
➡ H29 道橋示 I-8-2

部材の支間〔m〕	係数
$L \leqq 4$	1.0
$4 < L$	$\dfrac{L}{32} + \dfrac{7}{8}$

(2) 主桁の設計活荷重

　主桁には，車輪からの荷重が直接作用しないので，**図 1・15** の L 荷重に示すように，「大型車を連行させて分布荷重にした p_1」と，その周囲に「大型車以外の自動車荷重を分布荷重にさせた p_2」による L 荷重（ライン荷重）を載荷する．L 荷重は，大型車が橋上横方向に 2 台並ぶ（$2.75 \times 2 = 5.5$ m）ことがあっても，さらに並ぶことが少ないと考え，**表 1・15**「L 荷重（B 活荷重）」に示すように，5.5 m 以外は，半分の荷重を載荷する．5.5 m 部分を主載荷重，他の部分を従載荷重という．主載荷重の位置は，設計する主桁に最も不利な応力が生じるように定める．

　主桁を設計する場合の歩道には p_2 と同じ荷重を載荷する．支間が短い（15 m 未満）主桁では T 荷重により設計する．この場合には表 1・14 の係数を乗じる．

表 1・15　L 荷重（B 活荷重）
➡ H29 道橋示 I-8-2

主載荷荷重（幅 5.5 m）						従載荷荷重
等分布荷重 p_1		等分布荷重 p_2				
載荷長 D〔m〕	荷重〔kN/m²〕		荷重〔kN/m²〕			
	曲げモーメントを算出する場合	せん断力を算出する場合	$L \leqq 80$	$80 < L \leqq 130$	$L > 130$	
10	10	12	3.5	$4.3 - 0.01L$	3.0	主載荷荷重の 50%

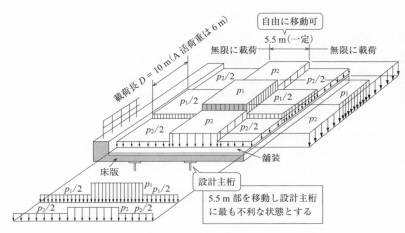

図 1・15　L 荷重

衝撃の影響

　　活荷重 L が作用すると，振動等の衝撃により活荷重より大きな荷重が構造物に作用する．静的な荷重に対する衝撃荷重の比率を衝撃係数 i という．衝撃の影響は，図 1・16 に示すように，支間が小さいほど，また活荷重に比較して死荷重が小さいほど大きくなる．また，衝撃係数 i は，橋の材質や，L 荷重，T 荷重の載荷方式によっても異なる（鋼橋は L でも T でも同じ）．歩道については，衝撃を考慮しなくてよい．衝撃荷重 I に重複して荷重組合せ係数などを乗じる必要はなく，$(L + I)$ に荷重組合せ係数や荷重係数を乗じる．衝撃の影響は，$I = （活荷重）× i$ となる．

➡ H29 道橋示 I-8-3

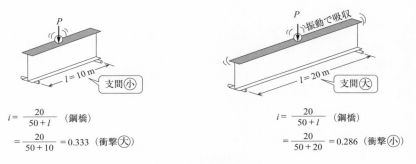

$i = \dfrac{20}{50 + l}$ （鋼橋）

$= \dfrac{20}{50 + 10} = 0.333$ （衝撃大）

$i = \dfrac{20}{50 + l}$ （鋼橋）

$= \dfrac{20}{50 + 20} = 0.286$ （衝撃小）

図 1・16　衝撃係数の大小

> ### 風荷重

鋼桁に作用する風荷重は，橋軸に直角で水平な荷重として，設計基準風速 $V = 40$ m/s が作用するとする．

図 1・17 に示す鋼桁に風を受ける面の高さ h と橋の幅 B により，表 1・16 に示す算式で，支間方向 1 m 当たりに桁に作用する風荷重 WS の特性値とする．風荷重は，鋼桁の高さ h に比例し，橋の幅 B が広い場合には減少する．

➡ H29 道橋示 I-8-17

なお，走行するトラック（活荷重）に対する風荷重 WL は，橋上に連行する車の高さ 1.5 m の位置に，$3.0(V/40)^2$ kN/m の等分布荷重として作用させる．

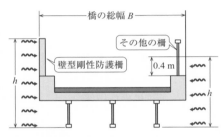

図 1・17　鋼桁の橋の総高 h と総幅 B

表 1・16　鋼桁の風荷重

	断面形状	風荷重〔kN/m〕
①	$1 \leqq \dfrac{B}{h} < 8$	$\left(\dfrac{V}{40}\right)^2 \left\{ 4.0 - 0.2\left(\dfrac{B}{h}\right) \right\} h \geqq 6.0$
②	$8 \leqq \dfrac{B}{h}$	$\left(\dfrac{V}{40}\right)^2 2.4h \geqq 6.0$

V：設計基準風速　　通常は 40 m/s で，この項は 1 となる．

> ### 温度の変化と
> ### 温度差の影響

橋は温度の変化により線膨張する（鋼または鋼コンクリート合成の線膨張係数は 12×10^{-6}）．設計基準温度は 20℃（寒冷地 10℃）とし，鋼構造では -10℃（寒冷地 -30℃）から +50℃の範囲を想定している．50 m の支間で 80℃の変化では，支点間に 4 mm のひずみが生じる．

支点が拘束されていると温度変化の影響 TH が発生する．架設時等の部材断面配慮や支点移動量，たわみなどの検討に用いられる．

➡ H29 道橋示 I-8-10

　部材間の温度差の影響 TF は，日照による陰ひなたなどにより部材内部に応力が生じる．鋼構造では温度差を 15℃ とする．床版コンクリートと鋼桁の合成部での応力は 10℃ の差で検証する．
　　　　　　　　　　　　　　　　　　　　　　　　➡ H29 道橋示 I-8-11

地震の影響

　　　　　　　地震の影響 EQ には，**しばしば発生する変動作用（レベル1地震動 $k_1 = 0.2$）**と，**極めてまれに発生するが，一旦発生すると甚大な影響となる偶発的作用（レベル2地震動 $k_2 = 0.6$）**がある．

　地震は構造物に作用すると**図 1・18** に示すように，地震による水平加速度 a と重力の加速度 g の比に相当する割合を水平震度 k という．例えばレベル2地震では構造物の重量の6割の特性値 P の水平力が作用する．実際には各構造物自身は周期が最大となる固有周期を持っており，地震動の周期と一致すると大きな作用力となる．揺れの強さを示すこの値を加速度応答スペクトルという．

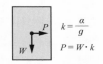

$$k = \frac{a}{g}$$
$$P = W \cdot k$$

図 1・18　地震の影響

　一般に地震は，活荷重が最大に載ったときに生じる確率は少ないので，一般には死荷重に対して検討する．地震の検討は，必要に応じて鉛直震度についても行う．
　　　　　　　　　　　　　　➡ H29 道橋示 I-8-19, H29 道橋示 V-3-1

衝突荷重

　　　　　　　橋に衝突荷重 CO が予想された場合には，次のように衝突荷重を算出し，防護対策を施す．

1 **自動車**：路面から 1.8 m の高さで水平に，車道方向へ 1 000 kN，直角方向へ 500 kN が作用したとして設計する．

2 **流木**：衝突力 P を水面位置に作用，川面流速 V〔m/s〕，流下重 W〔kN〕として，$P = 0.1 \cdot W \cdot V$〔kN〕として算出する．

3 **船舶**：往来船舶の規模，予想速度，を想定し衝突時荷重を設定する．
　　　　　　　　　　　　　　　　　　　　　　　➡ H29 道橋示 I-8-20

第1章のまとめの問題

問題 1 　鋼材と鉄の違いを述べよ.

問題 2 　鋼材の炭素含有量は何%か.

問題 3 　鋼構造とコンクリート構造の特徴を述べよ.

問題 4 　設計に用いる基準書を二つあげよ.

問題 5 　設計の手順をあげよ.

問題 6 　B活荷重とは何か.

問題 7 　限界状態設計法とは何か.

問題 8 　死荷重とは何か.

問題 9 　荷重係数とは何か.

問題10 　衝撃荷重とは何か.

問題11 　風荷重の基準風速は何か.

問題12 　構造物に作用する力を三つあげよ.

問題13 　制限値とは何か.

問題14 　寸法の特性値とは何か.

問題15 　荷重組合せ係数とは何か.

問題16 　抵抗係数とは何か.

問題17 　限界状態1と限界状態3の違いを述べよ.

問題18 　設計の三つの性能をあげよ.

問題19 　設計の供用期間とは何か.

第 **2** 章

部材

　構造物を構成している各材料を部材という．部材は使い方により大きな力を発揮する．この章では，作用する荷重に適した断面形状や構造を限界状態設計法を用いて設計できるようにする．

ポイント

▶ **引張部材** ………引張部材の接合による孔の部分は純断面積で設計する．また部材の図心が異なる二つの断面の引張力により偏心モーメントが発生することも理解する．

▶ **全　　強** ………部材のもっている発揮可能な力を求め，接合の設計に用いる．

▶ **圧縮部材** ………圧縮部材では横方向に曲がって折れる座屈現象について特に留意すること．座屈は細長いほど起こりやすい．また，細長い度合いを細長比という．支圧は部分的圧縮力である．

▶ **曲げ部材** ………曲げ部材には中立軸を境に圧縮と引張りが生じる．この時に用いる曲げ応力度 $= M/W$ の式を理解する．軸方向力と同様に，座屈や純断面積を考慮する必要がある．

▶ **H 桁 橋** ………形鋼の表から断面の設計ができるようにする．

1 部材の種類

どちらの指の方がひっかき強いかなー？

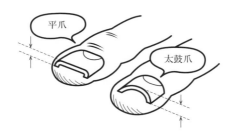

平爪

太鼓爪

部材の種類

部材には，吊橋のロープのように引張りの部材や柱のような圧縮部材もある．また，軸を止めているピンのようにせん断力を受けたり，橋桁のように曲げモーメントを受けたり，箱断面にねじりモーメントなどを受ける部材，橋脚のように曲げモーメントと圧縮力が同時に作用する部材などがある．ここでは，部材に作用する圧縮力，引張力，曲げモーメント，せん断力に対する部材の活用上の留意点や限界状態設計法上の扱い方などを学ぶ．

部材と細長比

図 2・1 に示すように圧縮力が加わる部材の作用点間の長さ l に対して断面の幅が小さいと曲がって破壊する．この破壊を **座屈破壊** という．座屈破壊する部材を長

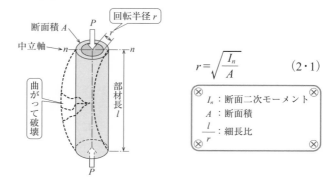

断面積 A

回転半径 r

中立軸 n ———— n

曲がって破壊

部材長 l

$$r = \sqrt{\frac{I_n}{A}} \qquad (2 \cdot 1)$$

I_n：断面二次モーメント
A：断面積
$\dfrac{l}{r}$：細長比

図 2・1　細長比と座屈破壊

柱という．幅は全幅でなく**回転半径 r** となる．回転半径 r は**式(2・1)**で求める．

部材長 l はその部材の支持点間の距離で表される．しかし，部材の両端の支持方法により，部材長は見かけ上変化する．この見かけ上の長さを**有効長（換算長）** l_r という．実際に，細長比を求めるには**図2・2**に示す有効長を用いる．

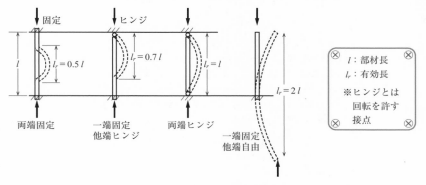

図2・2 支持点と有効長

[例題1] 次の**図2・3**に示す柱の有効長を求めよ．主要部材の断面二次半径 $r =$ 40 mm として各柱の細長比を求めよ．

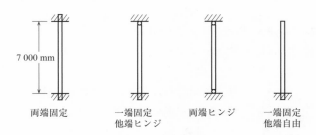

図2・3 有効長

[解答] 両端固定 3 500 mm（$l_r / r = 3\,500 / 40 = 87.5$），一端固定他端ヒンジ 4 900 mm（$l_r / r = 122.5$），両端ヒンジ 7 000 mm（$l_r / r = 175$），一端固定端自由 14 000 mm（$l_r / r = 350$）

よって，**表2・1**に示す基準 120 以下は両端固定の柱である．

「道橋示」では，**橋全体の剛性を確保する目的で，引張部材，圧縮部材ともに細長比の限度を表2・1のように定めている．** ただし，ワイヤロープや棒鋼など

は除く．また，この値を超えると制限値を超えなくても構造上大きな変形を起こすので危険となる．

表 2・1　部材の細長比　➡ H29 道橋示 II-5-2-2

部　　材		細長比（l/r）
圧縮部材	主要部材	120
	二次部材	150
引張部材	主要部材	200
	二次部材	240

l：引張部材は骨組み長，圧縮部材は有効座屈長とする〔mm〕
r：断面二次半径（回転半径）〔mm〕

主要部材：耐荷性能で重要な働きをしている部材
二次部材：主要部材以外の部材

**鋼材の
ポアソン比**

ポアソン比 μ は，図 2・4 に示すように，作用方向ひずみ度（縦ひずみ度）に対する直角方向ひずみ度の割合で鋼材では 0.30 程度である．鋳鉄では 0.25 と道橋示では定めている．

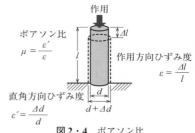

図 2・4　ポアソン比

**鋼材の
板厚制限**

「道橋示」では，鋼材の板厚の最小値を 8mm 以上とし，溝形鋼と I 形鋼の腹板は 7.5 mm 以上としている．これは，腐食や運搬中のたわみなどを考慮してこの厚さに決定されている．鋼床版や箱桁などの閉断面リブなど良好な対策をとれるものは 6 mm 以上とする．鋼管の板厚は，主要部材で 7.9 mm 以上，二次部材では 6.9 mm 以上とする．

鋼種による板厚制限は，製鋼時の過程で決まっており，表 2・2 に示すように定められている．鋼種記号の末尾に A，B，C などの記号をつけて板厚制限が区別されている．耐荷性能の照査では表記が省略される場合もある．この制限は引張りおよび圧縮でも同様である．

➡ H29 道橋示 II-1-4-2

第2章

部材

表 2・2　板厚による鋼種選定標準

鋼種		板厚 〔mm〕							
		6	8	16	25	32	40	50	100
非溶接構造用鋼	SS400								
溶接構造用鋼	SM400A								
	SM400B								
	SM400C								
	SM490A								
	SM490B								
	SM490C								
	SM490YA＊								
	SM490YB								
	SM520C								
	SBHS400								
	SM570								
	SBHS500								
	SMA400AW								
	SMA400BW								
	SMA400CW								
	SMA490AW								
	SMA490BW								
	SMA490CW								
	SBHS400W								
	SMA570W								
	SBHS500W								

＊ Y はキルド鋼で，アルミニウムなどで鋼中の脱酸素により均質化.

相反応力部材

　　　　相反応力とは，**図 2・5** に示すように**死荷重 D** と**活荷重 L（衝撃 I 含む）**による応力の符合が相反する応力である．活荷重の増大に対して安全となるように，荷重係数を，**死荷重 1.0，活荷重 1.3 を応力に乗じる**．一方，抵抗側である**制限値に対しては補正係数 0.75 を乗じて照査**する．また，死荷重の応力が活荷重の 30％ 未満であれば活荷重のみ考慮する．この場合の荷重係数は1.0とする（交番応力は作用力の符合が完全に**入れ替わる**）．

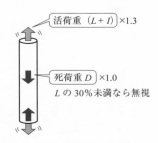

活荷重 （L＋I）×1.3

死荷重 D ×1.0
L の 30％ 未満なら無視

図 2・5　相反応力

2 引張りを受ける部材

引張りに強いロープ

ワイヤロープ　吊橋は，引張りだけが作用する構造で，ワイヤロープが用いられる．ワイヤロープは，引張力と弾性に富んだ鋼材の長所を生かしている．**図2・6**に示すように，しなやかさを持たせるため，細い鋼線の相互滑りを許して束により合わせ，引張力のみ生じる放物線状にメインロープを張る．それに垂直に降ろしたハンガーロープに桁構造をつるして橋を形成している．ワイヤロープの断面形状は，鋼線を束にしてより合わせるストランドロープ，スパイラルロープ，ロックドコイルロープと，鋼線をすべて平行に置き，そのまま束ねた平行線ストランドなどがある．

（a）ストランド　　（b）スパイラル　　（c）ロックドコイル　　（d）平行線
　　　ロープ　　　　　　　ロープ　　　　　　　ロープ　　　　　　　　ストランド

図2・6　ワイヤロープの断面形状

よく用いられる引張部材　その他のよく用いられる引張部材としては，**図2・7**に示すように，溝形鋼や山形鋼などを単独に用いる「単一引張部材」と，形鋼を組み合わせたり，鋼板を溶接でつづり合わせて用いる「組合せ部材」がある．

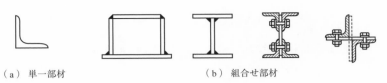

（a）単一部材　　　　　　　　　　　　（b）組合せ部材

図 2・7　引張部材

**偏心モーメントを
受ける引張部材**

　　　図 2・8 の引張部材の連結部において，作用中心にずれがあると偏心モーメントによる二次応力が発生する．この場合には，山形鋼の突出脚の半分を無効にした断面積で照査をする．残った断面積を純断面積（全体を総断面積）という．ただし，背中合せに山形鋼を接合した場合には，全断面有効となる． **➡ H29 道橋示 II-5-2-4**

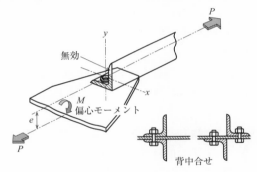

図 2・8　偏心モーメント

**引張部材の
純断面積**

　　　図 2・9 に示すように，引張部材では，鋼板にボルト穴が開いた場合，応力を伝達できる断面積は，ボルトで充填されていても発揮されないとする．よってボルト孔により発揮できる断面積が減少する．ボルト孔を除いた断面積を**純断面積** A_n という．もとの断面積を**総断面積** A_g という．純断面積 A_n は総幅 b_g よりボルト孔直径 d の本数分を減じた純幅 b_n に板厚 t を乗じて求める．

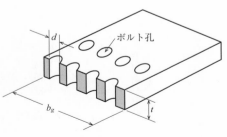

図 2・9　純断面積

$$A_n = b_n \cdot t \qquad\qquad (2 \cdot 2)$$

$$b_n = b_g - d \times 本数$$

[例題 2]　総幅 400 mm，板厚 20 mm の部材を**図 2・10** に示すようにボルト 3 本でつなぐ時，この断面の純断面積 A_n を求めよ．ただし，ボルト孔の径は 25 mm とする．

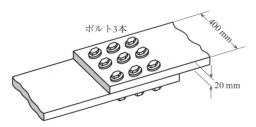

ボルト3本

400 mm

20 mm

図 2・10　純断面積例

[解答]　式**(2・2)** から，純幅 $b_n = 400 - 25 \times 3 = 325$ mm より，

純断面積 $A_n = b_n \cdot t = 325 \times 20 = 6\,500$ mm^2

ボルト孔直径 d は，ボルトの「呼び」径に 3 mm 加えたものである．よって，25 mm は「呼び」径 22 mm のボルトを用いていることになる．

軸方向引張部材の照査

(1) 軸方向引張応力を受ける部材（限界状態 1 の照査）
　降伏強度付近で非線形の変位が生じるところを限界状態 1 としている．**表 2・3** においても表 1・7 の作用の組合せは②を選択したとする．

1 **応力度の算出**：**図 2・11** の柱の断面積 A（純断面積）に，部材軸方向引張力 P を受けるとき，部材に生じる引張応力度 σ_t は P/A となる．

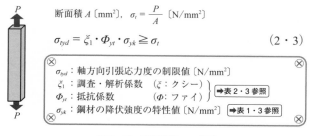

P

P

断面積 A 〔mm^2〕，$\sigma_t = \dfrac{P}{A}$ 〔N/mm^2〕

$$\sigma_{tyd} = \xi_1 \cdot \Phi_{yt} \cdot \sigma_{yk} \geqq \sigma_t \qquad (2 \cdot 3)$$

σ_{tyd}：軸方向引張応力度の制限値〔N/mm^2〕
ξ_1：調査・解析係数　（ξ：クシー）
Φ_{yt}：抵抗係数　　　　（Φ：ファイ）　➡**表2・3参照**
σ_{yk}：鋼材の降伏強度の特性値〔N/mm^2〕　➡**表1・3参照**

図 2・11　限界状態 1 の照査

表 2・3　調査・解析係数，抵抗係数

		ξ_1	Φ_{yt}
i)	ii)と iii)以外の作用の組合せを考慮する場合	0.90	0.85
ii)	⑩変動作用支配状況を考慮する場合		1.00
iii)	⑪偶発作用支配状況を考慮する場合	1.00	

＊表 1・7 の作用の組合せ①〜⑫より i)，ii)，iii)を選択．

2 **照査**：式(2・3)により求めた軸方向引張応力度の制限値 σ_{tyd} を越えない場合は，**限界状態 1** を超えないとみなす．山形鋼やトラスなど柱状部材の限界状態 1 の照査などに用いる． → H29 道橋示 II-5-3-5

3 **鋼材の降伏強度の特性値 σ_{yk}**：表 1・3「構造用鋼材の強度の特性値」より，板厚と鋼種に応じて，例えば SM400 で板厚 40 mm 以下なら $\sigma_{yk} = 235$ N/mm^2 となる．

(2) 軸方向引張応力を受ける部材（限界状態 3 の照査）

降伏が起こり，引張強さから破壊に至るまでに，最大強度に達する．この状態を限界状態 3 としている．表 2・4 において表 1・7 の作用の組合せは，本書では②を選択したとする．

式(2・4)より求めた部材の破壊に対する制限値 σ_{tud} を σ_t が越えない場合は，**限界状態 3** を超えないとする．**引張強度ではなく降伏強度から制限値を求め**，降伏強度以下におさめ，耐荷力を失わないように配慮している．山形鋼やトラスなど柱状部材の限界状態 3 の照査に用いる． → H29 道橋示 II-5-4-5

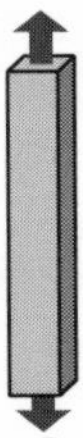

断面積 A〔mm^2〕，σ_t は状態 1 と同じ．

$$\sigma_{tud} = \xi_1 \cdot \xi_2 \cdot \Phi_{Ut} \cdot \sigma_{yk} \geqq \sigma_t \qquad (2・4)$$

σ_{tud}：軸方向引張応力度の制限値〔N/mm^2〕
ξ_1：調査・解析係数
ξ_2：部材・構造係数 →表 2・4 参照
Φ_{Ut}：抵抗係数
σ_{yk}：鋼材の降伏強度の特性値〔N/mm^2〕 →表 1・3 参照

図 2・12　限界状態 3 の照査

表 2・4　調査・解析係数，部材・構造係数，抵抗係数

		ξ_1	ξ_2	Φ_{Ut}
i)	ii)と iii)以外の作用の組合せを考慮する場合	0.90	1.00 0.95[1]	0.85
ii)	⑩変動作用支配状況を考慮する場合			1.00
iii)	⑪偶発作用支配状況を考慮する場合	1.00		

注：1) SBHS500 および SBHS500W の場合

[**例題 3**]　図 **2・13** に示すような，高力ボルト継手で，幅 400 mm，板厚 10 mm の断面に，作用力 P = 392 kN の力が作用するとき，この部材は安全か．ただし，この部材の材質は SM400 とする．使用ボルトの「呼び」は M22 とする．**表 1・7** の荷重の組合せは②とする．

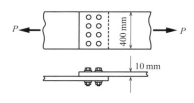

図 **2・13**　高力ボルト継手

[**解答**]　■1 鋼板の純断面積 A_n

　引張りでは，ボルト孔は力を伝達しないとしている．ボルト孔の径は「呼び」+ 3 mm であるので，

$$A_n = b_n \cdot t = \{400 - (22 + 3) \times 4\} \times 10 = 3\,000 \text{ mm}^2$$

■2 引張応力度 σ_t

$$\sigma_t = P / A_n = 3.92 \times 10^5 / 3\,000 = 131 \text{ N/mm}^2$$

■3 軸方向引張応力度の制限値 σ_{tyd} による限界状態 **1** の照査

　式（2・3）より，

$$\sigma_{tyd} = \xi_1 \cdot \Phi_{yt} \cdot \sigma_{yk}$$
$$= 0.90 \times 0.85 \times 235 = 179 \text{ N/mm}^2$$
$$\sigma_{tyd} = 179 \text{ N/mm}^2 \geqq \sigma_t = 131 \text{ N/mm}^2$$

∴ 限界状態 1 を超えない．

■4 破壊に対する軸方向引張応力度の制限値 σ_{tud} による限界状態 **3** の照査

　式（2・4）より，

$$\sigma_{tud} = \xi_1 \cdot \xi_2 \cdot \Phi_{Ut} \cdot \sigma_{yk}$$
$$= 0.90 \times 1.00 \times 0.85 \times 235$$
$$= 179 \text{ N/mm}^2$$
$$\sigma_{tud} = 179 \text{ N/mm}^2 \geqq \sigma_t = 131 \text{ N/mm}^2$$

∴ 限界状態 3 を超えない．

[**例題 4**]　図 **2・14** に示すような山形鋼 L 90 × 90 × 10 をガセットに取り付け，軸方向引張力 P = 200 kN が作用した場合，安全であるか検討せよ．ただし，鋼材の材質は SM490 とする．また高力ボルトは M22 を使用するものとする．また表 1・7 の荷重の組合せは②とする．

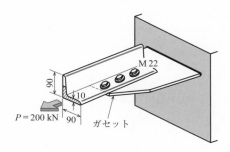

図 2・14　偏心した引張部材

[解答]　偏心モーメントが生じている場合には，山形鋼の突出脚の 2 分の 1 が無効となる．等辺山形鋼なので，総断面積の 4 分の 1 を引く．さらに，高力ボルト孔 1 本を減ずる等辺山形鋼の総断面積 A_g は巻末付録「等辺山形鋼」を参照する．

1　純断面積 A_n

巻末付録より，総断面積 $A_g = 1\,700 \text{ mm}^2$

$$A_n = 1\,700 - (22 + 3) \times 10 - \frac{1\,700}{4} = 1\,025 \text{ mm}^2$$

2　引張応力度 σ_t

$$\sigma_t = P / A_n = 2.00 \times 10^5 / 1\,025 = 195 \text{ N/mm}^2$$

3　限界状態 1 に対する照査，軸方向引張応力度の制限値 σ_{tyd}

式(2・3)より，

$$\sigma_{tyd} = \xi_1 \cdot \Phi_{yt} \cdot \sigma_{yk}$$
$$= 0.90 \times 0.85 \times 315 = 240 \text{ N/mm}^2$$
$$\sigma_{tyd} = 240 \text{ N/mm}^2 \geqq \sigma_t = 195 \text{ N/mm}^2$$

∴　**限界状態 1 を超えない．**

4　限界状態 3 に対する照査，軸方向引張応力度の制限値 σ_{tud}

式(2・4)より，

$$\sigma_{tud} = \xi_1 \cdot \xi_2 \cdot \Phi_{Ut} \cdot \sigma_{yk}$$
$$= 0.90 \times 1.00 \times 0.85 \times 315$$
$$= 240 \text{ N/mm}$$
$$\sigma_{tud} = 240 \text{ N/mm}^2 \geqq \sigma_t = 195 \text{ N/mm}^2$$

∴　**限界状態 3 を超えない．**

3 圧縮を受ける部材

押せば力の泉湧く

くるし～い !!

圧縮部材の設計

　圧縮部材は，細長がかったり，幅の割に厚さが薄いことで，本来持っている引張強度以下でも，横に曲がって破壊（**座屈**）する事がある．破壊現象の照査には，引張部材より慎重な扱いを要する．

　一般に軸方向部材では，座屈破壊を起こす部材を**長柱**，つぶれて破壊する（**圧座破壊**）柱を**短柱**という．いずれも断面中心（図心）に，力を作用させてのことであるが，中心からずれる（偏心）と曲げモーメントが発生し，さらに座屈しやすくなる．座屈を防止するためには，柱の両端の支持方法や，柱の中間部を固定したり，また，断面二次半径を大きくするために，図心よりさらに遠方に断面を置く．すなわち，管状や箱形部材を使用する．座屈防止には，板の直角方向に張り出した，補剛材の使用などの工夫が必要である．圧縮部材には引張部材と同様に，単一圧縮材と組合せ圧縮材とがある．大きな圧縮力が作用する場合は，**図2・15**に示す箱型の組合せ部材がよく用いられる．

（a）組合せ部材　　　　　　　　（b）単一部材

図2・15　組合せ部材と単一部材

　図2・16に示すように，座屈現象には大きく分けて，**全体座屈**と，部分的にしわが寄るような**局部座屈**がある．これらの座屈の起こりやすさの程度を比較す

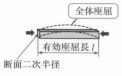

（a）　細長比パラメータ $\bar{\lambda}$

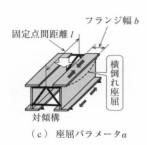

（c）　座屈パラメータ α

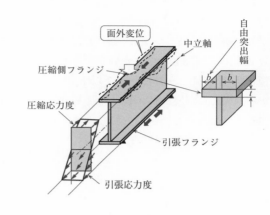

（b）　幅厚比パラメータ R

図 2・16　圧縮部材の座屈

る場合には細長比などの座屈要素をパラメータ化し，特性値の降伏強度 σ_{yk} や弾性係数 E などが異なっていても，座屈の程度を無次元化した値で扱える.

　パラメータは，照査時の「制限値」算出の補助係数として利用している. どのような座屈が生じるかを検討することは，照査の根幹である. 以下図 2・16(a)〜(c) に従ってよく用いる座屈形態と各式を示す.

(1) 細長比パラメータ $\bar{\lambda}$

　図 2・16(a)は，軸方向圧縮力を受ける柱部材で，**全体座屈**を起こす. **細長比パラメータ $\bar{\lambda}$** で座屈しやすさが判定できる. 材種にもよるが，一般に，「**0.2 以下**」では座屈しにくい. 「**部材の有効長 l / 断面二次半径 r**」の比率がもとになっている.

$$\bar{\lambda} = \frac{1}{\pi} \cdot \sqrt{\frac{\sigma_{yk}}{E}} \cdot \frac{l}{r} \qquad (2 \cdot 5)$$

$\dfrac{l}{r}$：細長比

r：断面二次半径〔mm〕 $\left(r = \sqrt{\dfrac{I}{A_{nk}}} \right)$

I：断面二次モーメント〔mm⁴〕

A_{nk}：照査断面の有効断面積〔mm²〕

E：鋼材のヤング係数 = 2.0×10^5 N/mm²

l：部材の有効座屈長〔mm〕

σ_{yk}：表 1・3「構造用鋼材の強度の特性値」より求める（例として SM400 では 235 N/mm²）.

(2) 幅厚比パラメータ R

図 2・16(b)は，桁に曲げモーメントが作用すると，部材断面内に圧縮と引張りが生じる．圧縮フランジで，**面外変位**などの**局部座屈**を起こす．**幅厚比パラメータ R** により，座屈しやすさが判定できる．材種にもよるが，一般に，「**0.7 以下**」では座屈しにくい．「**部材の幅 b / 板厚 t**」の比率がもとになっている．

$$R = \frac{b}{t} \cdot \sqrt{\frac{\sigma_{yk}}{E} \cdot \frac{12(1-\mu^2)}{\pi^2 k}} \qquad (2 \cdot 6)$$

> $\dfrac{b}{t}$ ：幅厚比
> b ：板の固定縁間距離〔mm〕
> t ：板厚〔mm〕
> μ ：ポアソン比（鋼は 0.3）
> k ：座屈係数
> 　（自由突出板は 0.43，両縁支持板は 4.0）
> 他は上記(1)と同じ．

(3) 座屈パラメータ α

図 2・16(c)は，桁に曲げモーメントが作用することで，圧縮力を受けるフランジ部材断面内に，対傾構などの固定点間内で，**フランジの横倒れ**などの全体座屈を起こす．フランジと床版の合成桁では座屈が生じない．座屈パラメータ α により座屈しやすさが判定できる．材種にもよるが一般に，「**0.2 以下**」では座屈しにくい．「**固定点間距離 l / フランジ幅 b**」の比率がもとになっている．また，圧縮フランジ面積が A_c が大きいほど横倒れしにくい方向に作用する．

$$\alpha = \frac{2}{\pi} \cdot K \sqrt{\frac{\sigma_{yk}}{E}} \cdot \frac{l}{b} \qquad (2 \cdot 7)$$

> $\dfrac{l}{b}$ ：圧縮フランジの固定点間と幅比
> l ：圧縮フランジ固定点（対傾構）間距離〔mm〕
> b ：圧縮フランジ幅〔mm〕
> K ：腹板総断面積 A_w と圧縮フランジ総断面積 A_c の比より求めた座屈係数
> 他は上記(1)，(2)と同じ．

$$\left.\begin{array}{l} \dfrac{A_w}{A_c} \leqq 2 \text{ のとき } K = 2 \\[3mm] \dfrac{A_w}{A_c} > 2 \text{ のとき } K = \sqrt{3 + \dfrac{A_w}{2A_c}} \end{array}\right\} \qquad (2 \cdot 8)$$

各部材の構造解析から，その挙動を分析し，どのような座屈照査をすべきか決定する．

| **軸方向圧縮力部材の照査** |

軸方向圧縮力の照査では，**限界状態 3 を照査すること**で限界状態 1 を超えないとしてよい．　➡ H29 道橋示 II-5-3-2

圧縮力を受ける部材の照査方法には，部材による数パターンが示方書で示されている．特に，横倒れ座屈など部材全体座屈に関わる細長比パラメータ $\bar{\lambda}$ と，局部座屈に関わる幅厚比パラメータ R が重要となる．

SM400 の鋼材で，幅厚比パラメータ $R = 0.7$ を境に，値が小さい（b/t 板厚が幅に対して厚い）と先に降伏強度が限界状態に達する．逆に R が大きくなると，局部座屈が先に限界状態をむかえる．0.7 の値を**限界幅厚比パラメータ**という．また，細長比パラメータ $\alpha = 0.2$ を境に，大きいと横倒れ座屈が先に，小さいと降伏強度の限界が先に生じる．0.2 を**限界細長比パラメータ**という．これらの限界を限界状態 3 としてとらえ，この時の圧縮応力度の制限値に，R や α から求めた係数（ρ_{crg}, ρ_{crl}）を乗じることにより座屈に対する制限をかけている．本書で用いられる部材の照査方法を次から示す．

(1) 軸方向圧縮力を受ける自由突出板（限界状態 3）　➡ H29 道橋示 II-5-4-2

自由突出板とは，**図 2・17** に示す通り拘束されていない局部座屈を起こす可能性のある b 部分を有する部材である．ほぼ均等な圧縮応力が作用する．プレートガーダーの圧縮フランジなどがこれに該当する．

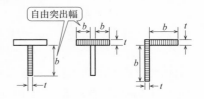

図 2・17　自由突出幅

限界幅厚比パラメータ $R = 0.7$ を境に，軸方向の面外変形が起こるので，これを限界状態 3 としている．

道橋示では，板厚 t は突出幅 b の 1/16 以上と予め幅厚比に制約をかけている．

軸方向圧縮力を受ける自由突出板に生じる圧縮応力度 σ_c が，**式 (2・9)** に示す局部座屈に対する圧縮応力度の制限値 σ_{crld} を超えないことで，限界状態 3 を超えないとする．

σ_{yk}：鋼材の降伏強度の特性値〔N/mm²〕 ➡ 表 1・3 参照
ξ_1：調査・解析係数
ξ_2：部材・構造係数 ➡ 表 2・5 参照
Φ_U：抵抗係数
R：幅厚比パラメータは式 (2・6) より求める．
ρ_{crl}：局部座屈に対する圧縮応力度の特性値（σ_{yk}）に関する補正値で式 (2・10) より求める．
E：ヤング係数 = 2.0×10^5 N/mm²
μ：ポアソン比（鋼は 0.3）
k：座屈係数（自由突出板は 0.43）
b：板の固定縁間距離〔mm〕
t：板厚〔mm〕

表 2・5　調査・解析係数，部材・構造係数，抵抗係数

		ξ_1		ξ_2	Φ_U
i)	ii) と iii) 以外の作用の組合せを考慮する場合	0.90	◎ SBHS500 および SBHS500W 以外の場合 1.00		0.85
ii)	⑩変動作用支配状況を考慮する場合		◎ SBHS500 および SBHS500W の場合 $R \leq 0.7$ のとき 0.95 $0.7 < R \leq 0.73$ のとき $1.24R - 0.08$ $0.73 < R$ のとき 1.00		1.00
iii)	⑪偶発作用支配状況を考慮する場合	1.00			

$$\sigma_{crld} = \xi_1 \cdot \xi_2 \cdot \Phi_U \cdot \rho_{crl} \cdot \sigma_{yk} \qquad (2 \cdot 9)$$

$$\sigma_{crld} \geqq \sigma_c$$

∴　限界状態 3 を超えない．

限界状態 1 も配慮しての限界状態 3 で，限界状態 1 も同じく超えない．

式(2・6) より，　　　　　　　　　　　　　　　　　　　　　**➡ H29 道橋示 II-5-3-2**

$$R = \frac{b}{t} \cdot \sqrt{\frac{\sigma_{yk}}{E} \cdot \frac{12(1-\mu^2)}{\pi^2 \cdot k}}$$

$$\left. \begin{array}{l} R \leq 0.7 \text{ のとき } \rho_{crl} = 1.00 \\[2mm] 0.7 < R \text{ のとき } \rho_{crl} = \left(\dfrac{0.7}{R}\right)^{1.19} \end{array} \right\} \quad (2 \cdot 10)$$

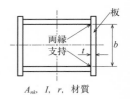

図 2・18　トラスの圧縮部材

自由突出板のほかに**図 2・18** に示す「軸方向圧縮力を受ける両縁支持板部材」も用いられるが，座屈係数は $k = 4.0$ となる．自由突出板の 0.43 と比較し，部材両縁が直角方向で固定，約 10 倍の座屈強さがある．幅厚比パラメータ R の算出で座屈係数の扱いに注意を要す．

(2) 軸方向圧縮力を受ける部材（限界状態 3）　　　　**➡ H29 道橋示 II-5-4-4**

図 2・18 に示す軸方向圧縮力を受けるトラスの圧縮部材部材に生じる圧縮応力度 σ_c が，**式(2・11)** による軸方向圧縮力度の制限値 σ_{cud} を超えない場合，限界状態 3 を超えないとする．同式中の ρ_{crg} は，**全体座屈** に対して，ρ_{crl} は**局部座屈** に対して応力度の特性値に関する限界パラメータを超える分の補正値である．

$$\sigma_{cud} = \xi_1 \cdot \xi_2 \cdot \Phi_U \cdot \rho_{crg} \cdot \rho_{crl} \cdot \sigma_{yk} \geqq \sigma_c \qquad (2 \cdot 11)$$　**➡ H29 道橋示 II-5-4-4**

1 柱としての，**全体座屈** に対する圧縮応力度の特性値に関する補正係数 ρ_{crg} を求める．

式(**2・5**)より,

$$\bar{\lambda} = \frac{1}{\pi} \cdot \sqrt{\frac{\sigma_{yk}}{E}} \cdot \frac{l}{r}$$

$$r = \sqrt{\frac{I}{A_{nk}}}$$

> l ：部材の有効座屈長〔mm〕
> A_{nk}：照査断面の有効断面積〔mm²〕
> I ：断面二次モーメント〔mm⁴〕
> E ：ヤング係数〔N/mm²〕
> r ：断面二次半径〔mm〕
> σ_{yk}：鋼材の降伏強度の特性値〔N/mm²〕 ➡表1・3参照

細長比パラメータ $\bar{\lambda}$ を求める. その値から**表2・6**で ρ_{crg} を求める.

表2・6 全体座屈に対する圧縮応力度の特性値の補正係数 ρ_{crg}

断　面	$\bar{\lambda}$ （ ）内は SBHS500 と SBHS500W の場合		ρ_{crg}
溶接箱形以外	$\bar{\lambda} \le 0.2$	（ $\bar{\lambda} \le 0.29$ ）	1.00
	$0.2 < \bar{\lambda} \le 1.0$	（ $0.29 < \bar{\lambda} \le 1.0$ ）	$1.109 - 0.545\bar{\lambda}$
	$1.0 < \bar{\lambda}$	（ $1.0 < \bar{\lambda}$ ）	$1/(0.733 + \bar{\lambda}^2)$
溶接箱形	$\bar{\lambda} \le 0.2$	（ $\bar{\lambda} \le 0.34$ ）	1.00
	$0.2 < \bar{\lambda} \le 1.0$	（ $0.34 < \bar{\lambda} \le 1.0$ ）	$1.059 - 0.258\bar{\lambda} - 0.19\bar{\lambda}^2$
	$1.0 < \bar{\lambda}$	（ $1.0 < \bar{\lambda}$ ）	$1.427 - 1.039\bar{\lambda} + 0.223\bar{\lambda}^2$

2 柱としての局部座屈に対する降伏強度の特性値に関する補正係数 ρ_{crl} を求める.

式(2・10) より, 幅厚比パラメータ R を求め, 式(2・6)より ρ_{crl} を求める.

式(2・6)より,

$$R = \frac{b}{t} \cdot \sqrt{\frac{\sigma_{yk}}{E} \cdot \frac{12(1-\mu^2)}{\pi^2 \cdot k}}$$

$R \le 0.7$ のとき $\rho_{crl} = 1.00$

$0.7 < R$ のとき $\rho_{crl} = \left(\frac{0.7}{R}\right)^{1.19}$

3 他の係数を**表2・5**より求める.

表2・5よりi)を選び, 調査・解析係数 ζ_1, 部材・構造係数（幅厚比パラメータ R に応じた） ζ_2, 抵抗係数 Φ_U, 表1・3より鋼材の降伏強度の特性値 σ_{yk} 〔N/mm²〕を求める.

4 照査は, $\sigma_c \le \sigma_{cud}$ の制限値を超えない場合, 限界状態3を超えない. 同時に限界状態1を超えない.

<table>
<tr><td>

偏心軸方向圧縮力
が作用する
部材の照査

</td><td>

図 **2・19** に示すように，圧縮力を伝達する L 形鋼（自由突出板を有す）と相手の部材をつなぐガセットの接合点で，x 軸で**偏心曲げモーメント**が生じた場合，**式（2・12）**に示すように，軸方向圧縮応力度の制限値 $\sigma_{cud}{}'$ に細

</td></tr>
</table>

長比に応じた係数を乗じ，軸方向圧縮応力度 σ_{cd} が小さいことで照査する．

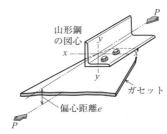

山形鋼
の図心

ガセット

偏心距離e

図 2・19 偏心圧縮力

$$\sigma_{cd} \leqq \sigma_{cud}{}' \cdot \left(0.5 + \frac{l/r_x}{1\,000} \right) \quad (2 \cdot 12)$$

∴ 限界状態 3 を超えない．

→ H29 道橋示 II-5-4-13

σ_{cd}：軸方向圧縮応力度〔N/mm^2〕

r_x：山形鋼の図心 x 軸まわりの
　　断面二次半径〔mm〕

l：部材の有効座屈長〔mm〕

$\sigma_{cud}{}'$：軸方向圧縮応力度の制限値〔N/mm^2〕

［例題 5］　図 **2・20** に示すように，L 200 × 200 × 20 が壁に埋め込まれ，ガセットにより両端を固定された 6 m の部材に，荷重係数 r_q，荷重組合せ係数 r_p を乗じ，作用効果とした軸方向圧縮力 $P = 600$ kN の荷重を支えるとき，安全であるか照査せよ．ただし，部材の材質は SM570，表 1・7 の作用の組合せは②とする．

［解答］　**■1** 部材の諸データ

　巻末付録より，山形鋼の断面積 $A = 7\,600$ mm^2，x 軸まわりの断面二次半径 $r_x = 60.9$ mm（x 軸に偏心があるので），最小断面二次半径 $r_v = 39.0$ mm（全体座屈の起こる想定で座屈パラメータに用いる），表 1・3「構造用鋼材の強度の特性値」より $\sigma_{yk} = 450$ N/mm^2

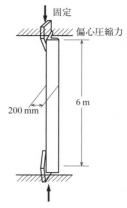

固定

偏心圧縮力

200 mm

6 m

図 2・20　偏心圧縮部材

2 軸方向圧縮力を受ける部材としての制限値

式 (2・11) より制限値 $\sigma_{cud}{}'$ を求める.

$$\sigma_{cud}{}' = \xi_1 \cdot \xi_2 \cdot \Phi_U \cdot \rho_{crg} \cdot \rho_{crl} \cdot \sigma_{yk}$$

■ 細長比パラメータ $\bar{\lambda}$

有効座屈長は両端固定支持で図 2・2 より，$l = 3\,000$ mm，r は最小断面二次半径 $r_v = 39.0$ mm（最小方向に座屈しやすい）

$$\bar{\lambda} = \frac{1}{\pi} \cdot \sqrt{\frac{\sigma_{yk}}{E}} \cdot \frac{l}{r} = \frac{1}{3.14} \times \sqrt{\frac{450}{200\,000}} \times \frac{3\,000}{39.0} = 1.16$$

よって $\bar{\lambda} = 1.16$ であるから，表 2・6 より，$\rho_{crg} = \dfrac{1}{0.733 + \bar{\lambda}^2} = 0.48$

■ 幅厚比パラメータ R

$$R = \frac{b}{t} \cdot \sqrt{\frac{\sigma_{yk}}{E} \cdot \frac{12(1-\mu^2)}{\pi^2 \cdot k}} = \frac{200}{20} \sqrt{\frac{450}{200\,000} \times \frac{12(1-0.3^2)}{\pi^2 \times 0.43}} = 0.760 = 0.76$$

$R \leqq 0.76$ なので，式 (2・10) より，

$$\rho_{crl} = \left(\frac{0.7}{R}\right)^{1.19} = 0.91$$

制限値 $\sigma_{cud}{}'$ は，式 (2・11) より，

$$\begin{aligned}\sigma_{cud}{}' &= \xi_1 \cdot \xi_2 \cdot \Phi_U \cdot \rho_{crg} \cdot \rho_{crl} \cdot \sigma_{yk} \\ &= 0.90 \times 1.00 \times 0.85 \times 0.48 \times 0.91 \times 450 \\ &= 150 \text{ N/mm}^2\end{aligned}$$

$\otimes$
ξ_1：調査・解析係数 $= 0.90$
ξ_2：部材・構造係数 $= 1.00$
Φ_U：抵抗係数 $= 0.85$
➡表 2・5 i) 参照
$\otimes$

3 偏心曲げモーメントに対する係数

式 (2・12) に示す $\left(0.5 + \dfrac{l/r_x}{1\,000}\right)$ を $\sigma_{cud}{}'$ に乗じて，発生する軸方向圧縮応力度 σ_{cd} と照査する.

■ 圧縮応力度 σ_{cd}

$$\sigma_{cd} = \frac{P}{A} = \frac{600\,000}{7\,600} = 78.9 = 79 \text{ N/mm}^2$$

■ 圧縮応力度の制限値 σ_{cud}

$$\sigma_{cud} = \sigma_{cud}{}' \cdot \left(0.5 + \frac{l/r_x}{1\,000}\right) = 150 \times \left(0.5 + \frac{3\,000/60.9}{1\,000}\right) = 82.4 = 82 \text{ N/mm}^2$$

∴ $\sigma_{cd} \leqq \sigma_{cud}$ で限界状態 3 を超えない．したがって，限界状態 1 を超えない．

4 | 曲げモーメントを受ける部材

曲げ＝圧縮＋引張り

曲げ部材

　図 2・21(a) のように平らに持った紙では，紙さえ支えられない．ところが，図 2・21(b) のように丸みをつけると，同じ紙だが持ちこたえることが可能となる．これは，丸みの高さに応じた強さが生まれたからである．局部座屈を注意しながら，材料の使い方しだいにより耐荷性能は引き出せる．

（a）平面の紙　　　　　　（b）丸みをつけた紙

図 2・21　平面と丸みをつけた紙の強さ

　図 2・22 に示すような木材断面の橋桁に，軸方向横からの力が作用すると，曲げモーメントが発生する．部材断面内の中立軸（断面の中心を通過する軸）を境に，上が圧縮応力，下に引張応力が発生して曲げに抵抗している．中立軸から離れるにしたがって大きくなる．最も離れた応力を**縁応力**という．一般に照査は最大値となる縁応力で行う．曲げモーメントが大きいほど，圧縮，引張りも大きくなる．また桁高が大きい部材ほど，大きな縁応力が発生して曲げに抵抗する．したがって，図 2・21 の紙や，爪の丸みの強さが理解できる．

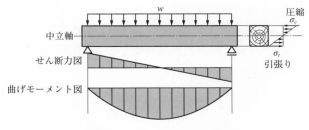

図 2・22 曲げモーメントと応力度

鋼桁の形状とその部材

　曲げモーメントを受ける部材の形状は，断面の図心より離れた部位に断面が存在するのが好ましい．したがって小支間の桁には，I形鋼やH形鋼の規格化されている単一部材が用いられる．特に全周方向から曲げを受ける場合はパイプが好ましい．また支間が大きくなった場合には，単一部材では曲げモーメントなどの外力に対応できないので，鋼板を溶接により組み合わせ，**図 2・23** に示すようなI型プレートガーダー桁や，ねじれに強い，箱型のプレートガーダー桁を用いる．

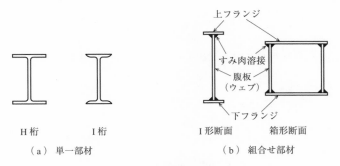

（a）単一部材　　　　　　　　（b）組合せ部材

図 2・23　鋼桁の形状

断面二次モーメント

　一般に，断面二次モーメントは，曲げモーメントに抵抗する断面の強さを量的に表したものである．**図 2・24** に示すように，ある断面の中立軸に関する断面二次モーメント I_n は，断面を無限に小さくし，その断面から中立軸までの距離を 2 乗して，その断面積に乗じた値を集積したものである．中立軸からの距離が 2 倍になると，

2 倍の距離にある小さな面積に発生する応力は 4 倍になる．すなわち距離の 2 乗に比例する．ここで高さは 2 乗するので，桁高が 2 倍になれば 4 倍の強さを発揮できることを意味している．図 2・24 に細分化していく長方形断面の断面二次モーメントを求めてみる．

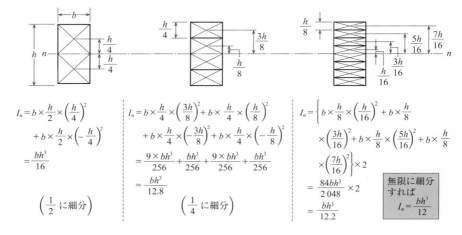

図 2・24　長方形の断面二次モーメント

長方形断面と円形断面の断面二次モーメントを**式（2・13）**に示す．

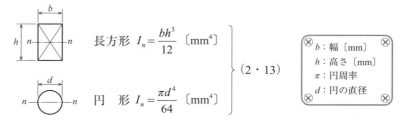

図 2・25　長方形と円

図 2・26 の H 形鋼や鋼管のように，上下対象の断面での中立軸に関する断面二次モーメント I_n は，**式（2・14）**と**式（2・15）**に示すように空洞部分の差し引きにより求めることができる．

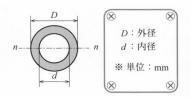

$$I_n = \frac{BH^3 - bh^3}{12} \ [\mathrm{mm}^4] \ (2\cdot14)$$

$$I_n = \frac{\pi(D^4 - d^4)}{64} \ [\mathrm{mm}^4] \ (2\cdot15)$$

図 2・26 差し引きによる I_n 計算

[**例題6**] 図 2・27 に示す部材の断面積は，いずれも $4.00 \times 10^5 \ \mathrm{mm}^2$ である中立軸に関する断面二次モーメント I_n をそれぞれ求め，大きい順にならべよ．

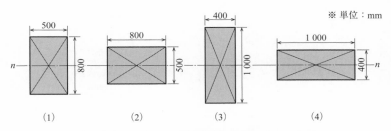

図 2・27 同じ断面積の中立軸に関する断面二次モーメント I_n

[**解答**] 断面積 $= b \cdot h = 500 \times 800 = 400\,000 = 4.00 \times 10^5 \ \mathrm{mm}^2$ 他も同面積．

(1) $I_n = b \cdot h^3 / 12 = 500 \times 800^3 / 12 = 21.33 \times 10^9 \ \mathrm{mm}^4$

(2) $I_n = 800 \times 500^3 / 12 = 8.333 \times 10^9 \ \mathrm{mm}^4$

(3) $I_n = 400 \times 1\,000^3 / 12 = 33.33 \times 10^9 \ \mathrm{mm}^4$

(4) $I_n = 1\,000 \times 400^3 / 12 = 5.333 \times 10^9 \ \mathrm{mm}^4$

比較は指数をそろえて行う．よって，(3) ➡ (1) ➡ (2) ➡ (4)

幅にもよるが，高さの順となっている．

[**例題7**] 図 2・28 に示す外径が同じパイプと棒鋼の中立軸に関する断面二次モーメント I_n を求めよ．

[**解答**] (a) 鋼管の I_n は式 (2・15)，(b)棒鋼の I_n は式 (2・13) より，

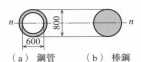

図 2・28 鋼管と棒鋼

(a)　鋼管 $I_n = \pi(800^4 - 600^4) / 64 = 1.374 \times 10^{10}\,\text{mm}^4$（断面積は $2.20 \times 10^5\,\text{mm}^2$）

(b)　棒鋼 $I_n = \pi \times 800^4 / 64 = 2.010 \times 10^{10}\,\text{mm}^4$　　　（断面積は $5.02 \times 10^5\,\text{mm}^2$）

　断面積当たりの I_n は鋼管 $624\,\text{mm}^4$, 棒鋼 $400\,\text{mm}^4$ となり, 鋼管の方（I_n は 1.5 倍, 重量で 0.4 倍）が有利となる.

断面係数

　曲げモーメントに抵抗する値として, 断面二次モーメントがある. このままでは曲げ応力度の分布を直接計算することはできない. 応力度分布を求めるには, **図 2・29** 中の**式 (2・16)** に示すように, 中立軸に関する断面二次モーメント I_n を, 中立軸からの距離 y に比例させておく必要がある. この**式 (2・17)** を, 断面係数 W という. もう少し詳しくみてみる.

$$\sigma_b = \frac{M}{I_n} \cdot y \quad (2 \cdot 16)$$

$$W = \frac{I_n}{y} \quad\quad (2 \cdot 17)$$

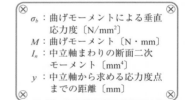

σ_b：曲げモーメントによる垂直応力度〔N/mm^2〕

M：曲げモーメント〔$\text{N} \cdot \text{mm}$〕

I_n：中立軸まわりの断面二次モーメント〔mm^4〕

y：中立軸から求める応力度点までの距離〔mm〕

図 2・29　断面係数

断面係数と曲げ応力度

　図 2・30 に示すように曲げ応力度の分布は, 中立軸を境に圧縮または引張りが直線的に増加するとみなしている. 今, 図 2・30 に示すように長方形断面に曲げモーメント M が作用し, 曲げ応力度が発生している. 発生している応力度は, 圧縮力 C と引張力 T による偶力モーメント M_o（作用線が平行で反対向きの同じ大きさの力を偶力 P_o, 平行に離れた距離を j とすると, $M_o = P_o \cdot j$）が外力による曲げモーメント M と等しいように発生している. 一般に, 曲げ応力度の照査では, 中立軸から最も遠い縁応力度で照査する. このことから, **式 (2・18)** に示すように, 最縁の曲げ応力度 σ_c は曲げモーメントを最縁地点の断面係数 W で除して求める.

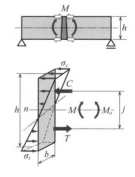

図 2・30　桁の耐荷力偶力モーメント

1 上縁が圧縮となるように曲げモーメント M が作用し，応力として，偶力 $C = T$ が σ_c，σ_t を底辺とする三角形の重心（頂点から 2/3）に作用している．図 2・30 において，幅を b とすると，偶力 $C = \dfrac{1}{2} \times \dfrac{h}{2} \times \sigma_c \times b = \dfrac{bh\sigma_c}{4}$，$j = \dfrac{2h}{3}$

2 j だけ離れた C と T は，向きが反対で大きさが等しく，偶力モーメント M_o である．作用力 M と等しく発生し，桁の耐荷力となる．

$$M = M_o = c \cdot j = \frac{bh\sigma_c}{4} \times \frac{2h}{3} = \frac{bh^2}{6}\sigma_c$$

$$\therefore \quad \sigma_c = \frac{M}{W} \tag{2・18}$$

[**例題 8**] 図 2・31 に示すように，長方形断面において上縁の位置における断面係数 W を求めよ．

[**解答**] 中立軸から上縁までの距離は高さの 1/2 なので，$y = 300$ mm

$$I_n = \frac{300 \times 600^3}{12} = 5.40 \times 10^9 \text{ mm}^4$$

断面係数 $W = \dfrac{5.40 \times 10^9}{300} = 1.80 \times 10^7 \text{ mm}^3$

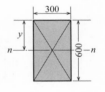

図 2・31

[**例題 9**] 図 2・32 に示すように，H 形の桁に曲げモーメント $M = 1\,700\,000$ N・m が作用するとき，縁応力度 σ_c，σ_t を求めよ．

[**解答**] まずは，中立軸に関する断面二次モーメント I_n を求める．

$$I_n = \frac{400 \times 1560^3 - 390 \times 1520^3}{12} = 1.241 \times 10^{10} \text{ mm}^4$$

縁応力なので中立軸より上縁までの距離 780 mm で除する．

$$W_c = W_t = \frac{1.241 \times 10^{10}}{780} = 1.591 \times 10^7 \text{ mm}^3$$

$$M = 1\,700\,000 \text{ N・m} = 1.700 \times 10^9 \text{ N・mm}$$

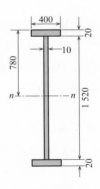

図 2・32

$$\therefore \ \sigma_c = \sigma_t = \frac{M}{W_c} = \frac{1.700 \times 10^9}{1.591 \times 10^7} = 107 \ \text{N/mm}^2$$

**曲げモーメントを
受ける部材の照査**

桁に作用する曲げモーメントによる縁応力度 σ_c と σ_t が求まったところで，制限値と比較し，各フランジが限界状態 1 と限界状態 3 を超えるかを照査する．図 2・32 に示す部材を桁として，**図 2・33** のように対傾構により 2 本の桁で橋を架ける．鋼材の種類を SM400A として，圧縮フランジには線路枕木がある．また，1 本の桁には作用の組合せ②による作用効果として $M = 1.700 \times 10^9 \ \text{N・mm}$ が作用する．

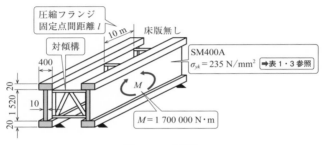

図 2・33　床版桁

（1）引張側 σ_t の照査

1 限界状態 1 の照査は，「軸方向引張力を受ける部材」の式(2・3)を適用する．

➡ H29 道橋示 II-5-3-5

2 限界状態 3 については，「曲げモーメントを受ける部材」の引張側の照査の**式(2・19)**を適用する．　　　　　　　　　　　　　➡ H29 道橋示 II-5-4-6

（2）圧縮側 σ_c の照査

1 限界状態 3 に対する照査は，限界状態 1 も配慮して定められているので，限界状態 1 も行ったことにしてよい．　　　　　　　➡ H29 道橋示 II-5-3-6

2 限界状態 3 については，全体座屈が生じる「曲げモーメントを受ける部材」の圧縮側の照査の**式(2・20)**により，σ_c が限界状態 3 を超えてないことを照査する．超えていなければ，限界状態 1 も超えていない．　➡ H29 道橋示 II-5-4-6

（3）引張側フランジの限界状態 1，限界状態 3 に対する照査

1 式(2・3)により軸方向引張応力度の制限値 σ_{tyd} を求め，照査する．

$$\sigma_{tyd} = \xi_1 \cdot \Phi_{yt} \cdot \sigma_{yk} \geqq \sigma_t$$

$$\sigma_{tyd} = \xi_1 \cdot \Phi_{yt} \cdot \sigma_{yk}$$

$$= 0.90 \times 0.85 \times 235$$

$$= 179 \text{ N/mm}^2$$

> σ_{tyd}：軸方向引張応力度の制限値〔N/mm²〕
> ξ_1：調査・解析係数 = 0.90
> Φ_{yt}：抵抗係数 = 0.85 ┣➡表2・3参照
> σ_{yk}：鋼材の降伏強度の特性値 = 235 N/mm²

$$\sigma_t = \frac{M}{W_t} = \frac{1.700 \times 10^9}{1.591 \times 10^7} = 107 \text{ N/mm}^2$$

∴　$\sigma_t \leqq \sigma_{tyd}$ であるから，限界状態 1 を超えない．

2 引張フランジ σ_t の限界状態 3 の照査は，式(2・19)の曲げ引張応力度の制限値 σ_{tud} で行う．引張フランジは，降伏強度による限界が生じる．

$$\sigma_{tud} = \xi_1 \cdot \xi_2 \cdot \Phi_{Ut} \cdot \sigma_{yk} \geqq \sigma_t \quad (2 \cdot 19)$$

$$\sigma_{tud} = \xi_1 \cdot \xi_2 \cdot \Phi_{Ut} \cdot \sigma_{yk}$$

$$= 0.90 \times 1.00 \times 0.85 \times 235$$

$$= 179 \text{ N/mm}^2$$

> σ_{tud}：曲げ引張応力度の制限値〔N/mm²〕
> ξ_1：調査・解析係数 = 0.90
> ξ_2：部材・構造係数 = 1.00 ┣➡表2・4参照
> Φ_{Ut}：抵抗係数 = 0.85
> σ_{yk}：鋼材の降伏強度の特性値 = 235 N/mm²

$$\sigma_{tud} = 179 \text{ N/mm}^2 \geqq \sigma_t = 107 \text{ N/mm}^2$$

∴　$\sigma_t \leqq \sigma_{tud}$ であるから，限界状態 3 を超えていない．

(4)　圧縮フランジ σ_c の限界状態 3 に対する照査　➡ H29 道橋示 II-5-4-6

圧縮フランジ σ_c の限界状態 3 の照査式は，式(2・20)で行う．圧縮フランジは **横倒れ座屈**による限界が生じる恐れがあるので，**式(2・7)**の座屈パラメータ α により検討をする．

$$\sigma_{cud} = \xi_1 \cdot \xi_2 \cdot \Phi_U \cdot \rho_{brg} \cdot \sigma_{yk} \geqq \sigma_c \quad (2 \cdot 20)$$

> σ_{cud}：曲げ圧縮応力度の制限値

1 式(2・8)より，座屈係数 K は，$\dfrac{A_w}{A_c} > 2$ のとき $K = \sqrt{3 + \dfrac{A_w}{2A_c}}$，$\dfrac{A_w}{A_c} \leqq 2$ のとき K = 2 であるから，

$$\frac{A_w}{A_c} = \frac{1520 \times 10}{400 \times 20} = 1.9 \leqq 2$$

> A_w：腹板の総断面積〔mm²〕
> A_c：圧縮フランジの総断面積〔mm²〕

∴　$K = 2$

2 $\dfrac{l}{b}$ は，固定点間距離 l = 10 m と圧縮フランジ幅 b = 400 mm との比率である．**表2・7**により最大値以下であることを確認する．$\dfrac{l}{b} = \dfrac{10\,000}{400} = 25$

∴　鋼種は SM400A で，30 以下なのでフランジの横座屈に対して安全である．

表 2・7　l/b の最大値

鋼種	S400 SM400 SMA400W	SM490	SM490Y SM520 SMA490W	SBHS400 SBHS400W	SM570 SMA570W	SBHS500 SBHS500W
$\dfrac{l}{b}$最大値	30	30	27	25	25	23

3 式(2・7)より，座屈パラメータ α を算出する．

$$\alpha = \frac{2}{\pi} \cdot K \sqrt{\frac{\sigma_{yk}}{E}} \cdot \frac{l}{b} = \frac{2}{\pi} \times 2 \times \sqrt{\frac{235}{2.0 \times 10^5}} \times \frac{10\,000}{40} = 1.091$$

> E ：鋼のヤング係数 = 2.00×10^5 N/mm^2
> K ：座屈係数 = 2
> σ_{yk}：鋼材の降伏強度の特性値 = 235 N/mm^2

4 座屈パラメータ $\alpha = 1.091$ より，曲げ圧縮による横倒れ座屈に対する降伏強度の特性値に関する補正係数 ρ_{brg} を**式(2・21)**により求める．

$$\alpha \leqq 0.2,\ 0.32^{1)}\ \text{のとき}\ \rho_{brg} = 1.0$$
$$\alpha > 0.2,\ 0.32^{1)}\ \text{のとき}\ \rho_{brg} = 1.0 - 0.412 \times (\alpha - 0.2) \tag{2・21}$$

注：1) SBHS500 および SBHS500W の場合

式(2・21)より，$\alpha = 1.091$ では，

$$\begin{aligned}
\rho_{brg} &= 1.0 - 0.412 \times (\alpha - 0.2) \\
&= 1.0 - 0.412 \times (1.091 - 0.2) \\
&= 0.63
\end{aligned}$$

> 圧縮フランジがコンクリート系床版で直接固定，箱形・π形の場合は ρ_{brg} = 1.00 とする．鉄道枕木では横倒れ座屈はするので ρ_{brg} = 0.63 である．

5 式(2・20)より，

$$\sigma_{cud} = \xi_1 \cdot \xi_2 \cdot \varPhi_U \cdot \rho_{brg} \cdot \sigma_{yk} \geqq \sigma_c$$
$$\begin{aligned}
\sigma_{cud} &= \xi_1 \cdot \xi_2 \cdot \varPhi_U \cdot \rho_{brg} \cdot \sigma_{yk} \\
&= 0.90 \times 1.00 \times 0.85 \times 0.63 \times 235 \\
&= 113 \ \text{kN/mm}^2
\end{aligned}$$

> ξ_1 ：調査・解析係数 = 0.90
> ξ_2 ：部材・構造係数 = 1.00 **➡表2・8 i)参照**
> $\varPhi_U$：抵抗係数 = 0.85
> σ_{yk}：鋼材の降伏強度の特性値 = 235 N/mm^2

$$\sigma_{cud} = 113 \ \text{kN/mm}^2 \geqq \sigma_c = 107 \ \text{N/mm}^2$$

∴ 限界状態 3 は超えていない．したがって，限界状態 1 も超えていない．

表 2・8　調査・解析係数，部材・構造係数，抵抗係数

		ξ_1	ξ_2	$\varPhi_U$
i)	ii)と iii)以外の作用の組合せを考慮する場合	0.90	$\alpha \leqq 0.2$　$0.32^{1)}$ 1.00 $0.95^{1)}$	0.85
ii)	⑩変動作用支配状況を考慮する場合			1.00
iii)	⑪偶発作用支配状況を考慮する場合	1.00	$\alpha > 0.2$　$0.32^{1)}$ 1.00	

注：1) SBHS500 および SBHS500W の場合

**せん断力を受ける
部材の照査**

図 **2・34** に示す H 形鋼の桁には活荷重 P と死荷重の等分布荷重 w_d が作用する．曲げモーメントは，支間中央に活荷重 P が載荷したとき支間中央に最大曲げモーメント M が生じる．また，せん断力は支点上に P が作用したときに，その支点上に最大せん断力 S が生じる．したがって，支点上に P を移動させる．これらの作用に，荷重係数などを乗じて作用効果としてからせん断応力度 τ_b を算出する．

曲げモーメントに伴うせん断応力度 τ_b は**式(2・22)**に示すように，せん断力 S を腹板の面積 A_w で除して求めてよい．

→ H29 道橋示 II-13-2-3

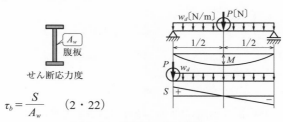

$$\tau_b = \frac{S}{A_w} \quad (2・22)$$

図2・34 単純ばりのせん断力

照査は**式(2・23)**に示す，せん断応力度の制限値 $\tau_{ud} \geqq \tau_b$ により照査する．成立する場合には，限界状態 3 を超えないとしてよい．したがって，限界状態 1 も超えない．

$$\tau_{ud} = \xi_1 \cdot \xi_2 \cdot \Phi_{Us} \cdot \tau_{yk} \geqq \tau_b \quad (2・23)$$

→ H29 道橋示 II-5-4-7

> ⊗ τ_{ud}：せん断応力度の制限値〔N/mm²〕
> ξ_1：調査・解析係数
> ξ_2：部材・構造係数 **→表2・9参照**
> Φ_{Us}：抵抗係数
> τ_{yk}：鋼材のせん断降伏強度の特性値〔N/mm²〕**→表1・3参照** ⊗

表2・9 調査・解析係数，部材・構造係数，抵抗係数

		ξ_1	ξ_2	Φ_{Us}
i)	ii) と iii) 以外の作用の組合せを考慮する場合	0.90	1.00 0.95[1]	0.85
ii)	⑩変動作用支配状況を考慮する場合	0.90		1.00
iii)	⑪偶発作用支配状況を考慮する場合	1.00		

注：1) SBHS500 および SBHS500W の場合

[**例題 10**]　図 **2・35** に示す，桁の支間 4 m の単純ばりに，作用として，桁 1 本当たり活荷重 $P = 196$ kN，自重として $w_d = 2\,940$ N/m が作用（荷重係数・荷重組合せ係数は乗じてある）している．材質 SM400A の H 形鋼を 2 本用いて設計せよ．ただし，2 本の上フランジには端対傾構はあるが，枕木が敷かれ，直接固定されていない．

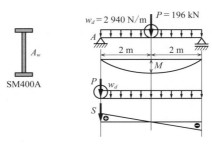

図 **2・35**　単純ばり

[**解答**]　■■ **H 形鋼の断面仮定に伴う，軸方向引張応力度の制限値** σ_{tyd}

式（2・3）より，

$$\sigma_{tyd} = \xi_1 \cdot \Phi_{yt} \cdot \sigma_{yk}$$
$$= 0.90 \times 0.85 \times 235 = 179 \text{ N/mm}^2$$

■■ **支間 $l = 4$ m の単純ばりに作用する曲げモーメント** M

$$M = \frac{pl}{4} + \frac{w_d l^2}{8}$$

$$= \frac{196\,000 \times 4}{4} + \frac{2\,940 \times 4^2}{8}$$

$$= 201\,880 \text{ N·m} = 2.02 \times 10^8 \text{ N·mm}$$

■■ **必要断面係数** W_x **と材料拾い**

$$\sigma = \frac{M}{W} \text{ より，}$$

$$W \geqq \frac{M}{\sigma_{tyd}} = \frac{2.02 \times 10^8}{179} = 1\,128 \times 10^3 \text{ mm}^3$$

巻末付録の H 形鋼の表より，H $500 \times 200 \times 10 \times 16$ で $W_x = 1\,910 \times 10^3$ mm^3 を用いる．

図 **2・36**　H $500 \times 200 \times 10 \times 16$

4 曲げ引張応力度の照査

■引張フランジ σ_t の限界状態 1 の照査は，式 $(2 \cdot 3)$ より，

$$\sigma_{tyd} = \xi_1 \cdot \Phi_{yt} \cdot \sigma_{yk} \geqq \sigma_t$$

$$\sigma_t = \frac{M}{W_x} = \frac{2.02 \times 10^8}{1\,910 \times 10^3}$$

$$= 106 \text{ N/mm}^2$$

$$\sigma_{tyd} = \xi_1 \cdot \Phi_{yt} \cdot \sigma_{yk}$$

$$= 0.90 \times 0.85 \times 235 = 179 \text{ N/mm}^2$$

$$\sigma_{tyd} = 179 \text{ N/mm}^2 \geqq \sigma_t = 106 \text{ N/mm}^2$$

σ_{tyd}：軸方向引張応力度の制限値〔N/mm²〕
ξ_1：調査・解析係数 = 0.90
Φ_{yt}：抵抗係数 = 0.85 ｝ ➡表2・3参照
σ_{yk}：鋼材の降伏強度の特性値 = 235 N/mm² ➡表1・3参照

∴ $\sigma_t \leqq \sigma_{tyd}$ より，限界状態 1 は超えていない．

■引張フランジ σ_t の限界状態 3 の
照査は，式 $(2 \cdot 19)$ より，

$$\sigma_{tud} = \xi_1 \cdot \xi_2 \cdot \Phi_{Ut} \cdot \sigma_{yk} \geqq \sigma_t$$

$$\sigma_{tud} = \xi_1 \cdot \xi_2 \cdot \Phi_{Ut} \cdot \sigma_{yk}$$

$$= 0.90 \times 1.00 \times 0.85 \times 235$$

$$= 179 \text{ N/mm}^2$$

σ_{tud}：曲げ引張応力度の制限値〔N/mm²〕
ξ_1：調査・解析係数 = 0.90
ξ_2：部材・構造係数 = 1.00 ｝ ➡表2・4参照
Φ_{Ut}：抵抗係数 = 0.85
σ_{yk}：鋼材の降伏強度の特性値 = 235 N/mm² ➡表1・3参照

$$\sigma_{tud} = 179 \text{ N/mm}^2 \geqq \sigma_t = 106 \text{ N/mm}^2$$

∴ $\sigma_t \leqq \sigma_{tyd}$ であるので，限界状態 3 は超えていない．

5 圧縮フランジ σ_c の限界状態 3 に対する照査

圧縮フランジ σ_c の限界状態 3 の照査は，式 $(2 \cdot 20)$ より行う．圧縮フランジは横倒れ座屈による限界が生じる恐れがあるので，式 $(2 \cdot 7)$ の座屈パラメータ α により検討をする．

$$\sigma_{cud} = \xi_1 \cdot \xi_2 \cdot \Phi_U \cdot \rho_{brg} \cdot \sigma_{yk} \geqq \sigma_c$$

■式 $(2 \cdot 8)$ より，座屈係数 K は，$\dfrac{A_w}{A_c} \leqq 2$ のとき $K = 2$，$\dfrac{A_w}{A_c} > 2$ のとき $K = \sqrt{3 + \dfrac{A_w}{2A_c}}$ であるから，

$$\frac{A_w}{A_c} = \frac{(500 - 16 \times 2) \times 10}{200 \times 16} = 1.46 \leqq 2$$

A_w：腹板の総断面積〔mm²〕
A_c：圧縮フランジの総断面積〔mm²〕

∴ $K = 2$ （座屈係数）

■固定点間距離 $\dfrac{l}{b}$

$l = 4$ m と圧縮フランジ幅 $b = 200$ mm との比率の最大値は，表 2・7 の値以下を

確認する．$\dfrac{l}{b} = \dfrac{4\,000}{200} = 20$ であるから，鋼種は SM400A で，30 以下なのでよい．

■ 式$(2 \cdot 7)$と式$(2 \cdot 21)$より，

$$\alpha = \dfrac{2}{\pi} \cdot K \sqrt{\dfrac{\sigma_{yk}}{E}} \cdot \dfrac{l}{b}$$

$$= \dfrac{2}{\pi} \times 2 \times \sqrt{\dfrac{235}{2.0 \times 10^5}} \times \dfrac{4\,000}{200} = 0.873$$

> α　：座屈パラメータ
> E　：鋼のヤング係数 $= 2.00 \times 10^5\,\text{N/mm}^2$
> k　：座屈係数 $= 2$
> σ_{yk}：鋼材の降伏強度の特性値 $= 235\,\text{N/mm}^2$

$\alpha \leqq 0.2,\ 0.32^{1)}$ のとき，$\rho_{brg} = 1.0$

$\alpha > 0.2,\ 0.32^{1)}$ のとき，$\rho_{brg} = 1.0 - 0.412 \times (\alpha - 0.2)$

注：1）SBHS500 および SBHS500W の場合

> 圧縮フランジがコンクリート系床版で直接固定，箱形・π 形の場合は $\rho_{brg} = 1.00$ とする．横倒れ座屈しない．

よって，$\alpha > 0.2$ であるから，

$$\rho_{brg} = 1.0 - 0.412 \times (0.873 - 0.2) = 0.722$$

式$(2 \cdot 20)$より，

$$\sigma_{cud} = \xi_1 \cdot \xi_2 \cdot \Phi_U \cdot \rho_{brg} \cdot \sigma_{yk} \geqq \sigma_c$$

$$\sigma_{cud} = \xi_1 \cdot \xi_2 \cdot \Phi_U \cdot \rho_{brg} \cdot \sigma_{yk}$$

$$= 0.90 \times 1.00 \times 0.85 \times 0.722 \times 235$$

$$= 129\,\text{N/mm}^2$$

> ξ_1：調査・解析係数 $= 0.90$
> ξ_2：部材・構造係数 $= 1.00$ 　→ 表 2・8 参照
> Φ_U：抵抗係数 $= 0.85$

$$\sigma_{cud} = 129\,\text{N/mm}^2 \geqq \sigma_c = 106\,\text{N/mm}^2$$

∴ 限界状態 3 は超えていない．また，限界状態 1 も超えない．

■ **曲げモーメントに伴うせん断応力度の照査**

・最大せん断力は，図 2・35 に示すように，P を支点 A に移動させ，その支点 A 上で最大となる．

$$S_A = P + \dfrac{w_d l}{2} = 196\,000 + \dfrac{2\,940 \times 4}{2} = 201\,880\,\text{N} = 2.02 \times 10^5\,\text{N}$$

せん断応力度 $\tau_b = \dfrac{S}{A_w} = \dfrac{2.02 \times 10^5}{4\,680} = 43.2\,\text{N/mm}^2$ 　　→ H29 道橋示 II-13-2-3

・せん断応力度の制限値 τ_{ud} は，式$(2 \cdot 23)$より求める． 　　→ H29 道橋示 II-5-4-7

$$\tau_{ud} = \xi_1 \cdot \xi_2 \cdot \Phi_{Us} \cdot \tau_{yk} \geqq \tau_b$$

$$\tau_{ud} = \xi_1 \cdot \xi_2 \cdot \Phi_{Us} \cdot \tau_{yk}$$

$$= 0.90 \times 1.00 \times 0.85 \times 135$$

$$= 103 \text{ N/mm}^2$$

$$\tau_{ud} = 103 \text{ N/mm}^2 \geqq \tau_b = 43.2 \text{ N/mm}^2$$

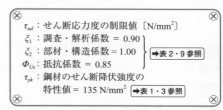

τ_{ud}：せん断応力度の制限値〔N/mm²〕
ξ_1：調査・解析係数 = 0.90
ξ_2：部材・構造係数 = 1.00 ➡表2・9参照
Φ_{Us}：抵抗係数 = 0.85
τ_{yk}：鋼材のせん断降伏強度の特性値 = 135 N/mm² ➡表1・3参照

∴ 限界状態 3 を超えないとみなしてよい．また限界状態 1 も超えない．超えた場合には，鋼材の材質や断面寸法，構造を変更する．

他の想定する作用や地震についても，現場調査に基づき照査するが，ここでは省略する．

第2章のまとめの問題

問題 1 引張部材であるロープの種類を三つあげよ.

問題 2 鋼材の最小板厚は何 mm か. また, その理由を述べよ.

問題 3 鋼材の純断面積とは何か.

問題 4 細長比を特に留意するのは, 圧縮部材か引張部材か.

問題 5 鋼材の降伏強度の特性値が 235 N/mm² の部材で, 断面積が 200 mm² の時, この部材は何 N まで引っ張ることができるか.

問題 6 局部座屈と全体座屈の違いを述べよ.

問題 7 軸方向力を受ける自由突出板と両縁支持板ではどちらが座屈しにくいか.

問題 8 幅厚比と細長比の違いは何か説明せよ.

問題 9 引張部材なのに細長比制限があるのはなぜか.

問題 10 相反応力と交番応力の違いを述べよ.

問題 11 座屈を抑える方法をできるだけあげよ.

問題 12 断面二次半径 r と座屈の関係を説明せよ.

問題 13 断面二次モーメントとは何か.

第 3 章

部材の接合

　鋼構造物は，鋼板と鋼板，鋼板と形鋼（山形鋼など）等を用いて，部材を組み合わせたり，部材と部材を継ぎ合わせて架設される．小さい支間の場合，一括架設もあるが，橋脚との接合が必要である．長大橋では製作上，現場での継ぎ合わせが必要となる．したがって，橋梁架設では，部材の接合は必要不可欠になってくる．この章では，溶接接合，高力ボルト接合について，主として学ぶことにする．

ポイント

▶ **接合の種類** ………接合の目的や種類・方法・留意点について学ぶ．

▶ **溶接接合** …………溶接の原理や方法について知り，溶接部の強度や限界状態設計法による照査方法を学ぶ．

▶ **高力ボルト接合** …ボルト接合の本数の算出方法や配置方法について学ぶ．特に限界状態設計法による摩擦接合の強度照査について知る．また，設計断面への配慮すべきことがらについて学ぶ．

1 接合の方法

仲人役は誰だ

接　　合

　　　　鋼橋の部材を山形鋼，溝型鋼および鋼板などの材料で
構成したり，部材を連結する方法について考えてみる．
　　　　ここでは，接合は最も広い意味に使用し，材片のつづり
合わせおよび各種の継手を含んだ意味とする．継手は部材を連結する構造をいう．
つづり合わせは，材片を合わせて一つの断面とすることをいう．

（1）目的による分類

1 **断面の組立て**：図3・1(a)のプレートガーダーの腹板とフランジの接合のよう
に，鋼板を接合して必要な断面の部材をつづり合わせてつくる．

2 **連結**：連結は，長い部材を工場から現場まで運ぶことができないとき，短い
部材を工場でつくり，**図3・2**のように，現場で連結板を当てて一つの部材と
する．また連結は，図3・1(b)に示すように，主桁と横構の接合のように，異
なる部材との接合である．

（2）接合方法による分類

　部材の接合方法には次のような方法がある．

1 **溶接接合**：熱によって鋼材を局部的に溶融状態にして接合する方法．

2 **高力ボルト摩擦接合**：高力ボルトで母材ならびに連結板を締め付け，それら
の間に生じる摩擦力によって応力を伝達する方法．

3 **高力ボルト支圧接合**：高力ボルトの軸面とボルト孔壁との間の支圧により，
応力を伝達させる方法．

4 **高力ボルト引張接合**：高力ボルトの軸力により継手面に発生する接触圧力に
より応力を伝達する方法．

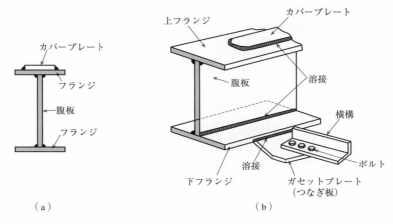

図 3・1　プレートガーダーの接合

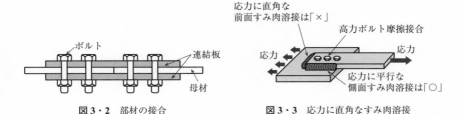

図 3・2　部材の接合　　　　図 3・3　応力に直角なすみ肉溶接

(3) 溶接と高力ボルトを併用する継手の留意点

1. 応力に直角なすみ肉溶接と高力ボルト摩擦接合は併用してはならない（図 3・3 参照）.

2. 溶接と高力ボルト支圧接合とは併用してはならない. 高力ボルト支圧接合では応力の伝達がボルトのせん断変形によって行われ, そのため, 高力ボルト支圧接合と溶接接合では力と変位の関係が異なるので両者を併用してはならないものとしている.

3. 照査では, 各接合の限界状態 1 と限界状態 3 について安全を確認する.

2 溶接

熱を入れて一緒になる

溶接とは

鋼材を溶接するには，ガス溶接，電気溶接などがある．橋においては，一般に金属アーク溶接（アーク溶接）を用いる．これは金属溶接棒と母材との間に電流を通じてアーク（空中に電流が流れる）を発生させ，4 000 ～ 5 000℃の高温によって溶接棒と母材の一部を溶かして接合する方法である．溶接部の断面は**図3・4**のようである．

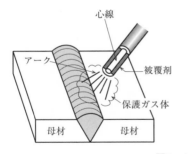

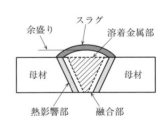

図3・4　溶接部の断面

　図3・4のように，溶接棒が溶けて溶着した溶着金属部，母材と溶着金属が融合している融合部，母材が高温のため変質が生じている熱影響部に分けられる．

　溶接棒は，母材の鋼種に合ったもので，継手に要求される成分や機械的性質を満足する，直径4 ～ 6 mmの鋼材で，その表面に被覆剤を塗布したものである．被覆材の役割は，アークの発生をしやすくし，ガスを発生し大気中の酸素や窒素

の溶融金属内への侵入を防止し，ピット（表面孔）やブローホール（内部孔）防止となる．また急激冷却防止効果もある．部材が SS400，SM400 には軟鋼用被服アーク溶接棒を用いる．ただし，SS400 は成分規格がないので被覆材との相性に不安は残る．母材が SM490 は高張力鋼用（低水素系）被服アーク溶接棒を用いる．短い溶接長は急冷を招くので注意を要す．

溶接継手の種類

溶接の種類には，**図 3・5** に示すように大きく分けて開先溶接（グルーブ溶接）とすみ肉溶接がある．母材同士が図 3・5(a) は完全溶込み可，図 3・5(b) は接合面で溶込まない部分が生じる部分溶込みとなる．形式を含めた細かい継手の分類を**図3・6** に示す．

➡ H29 道橋示 II-9-2-3 表 - 解 9-2-1

第3章

部材の接合

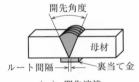

（a）開先溶接

（b）すみ肉溶接

図 3・5　溶接方法

継手形式	溶接の種類			
	開先溶接			すみ肉溶接
	完全溶込み開先溶接	部分溶込み開先溶接	片面溶接	
突合せ溶接継手	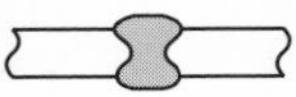 両面溶接（裏はつりあり）	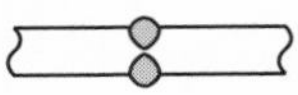	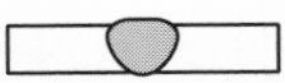 細分類・裏当て金あり・裏当て金なし	
十字溶接継手	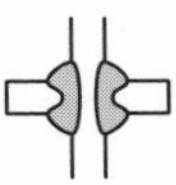 両面溶接（裏はつりあり）	 細分類・連続・始終端を含む	 細分類・裏当て金あり・裏当て金なし	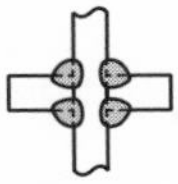 細分類・連続・断続

図 3・6　溶接継手の種類

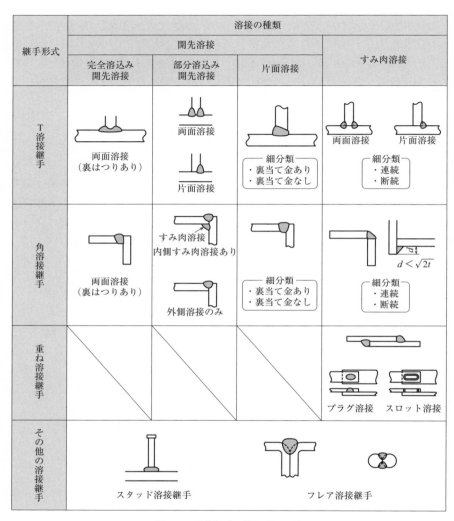

図3・6　溶接継手の種類（つづき）

3 開先溶接

仲よく突合せての溶接

開先溶接（グルーブ溶接）とは溶接する母材の接合部分を，溶接に都合のよいように加工してミゾや隙間をつくり（開先），そこに溶着金属を置いて溶接する継手である．接合面の溶込をさせるため，板厚に応じて隙間を**図3・7**のような形にする．完全溶込み開先溶接と部分溶込み溶接がある．

1 **V形開先溶接**：板厚6〜19mmの溶接に用いる．裏当て金を用いないときは，裏はつり（溶接の底の部分をはつり取ること）して，裏溶接をする．

2 **X形開先溶接**：板厚19〜40mmで，溶接する部材の接合部分は，溶接に都合のよいように加工して隙間をつくり，底の部分は裏はつりをして，裏溶接をする．

3 **レ形開先溶接**：板厚9〜19mmの溶接に用いる．

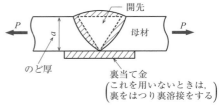

（a）V形グルーブ溶接

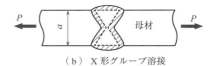

（b）X形グルーブ溶接

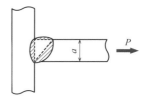

（c）レ形グルーブ溶接

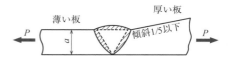

（d）母材の厚さが異なるとき

図3・7　開先溶接

　また，I 形開先溶接は 6 mm 以下，K 形開先溶接は 19 mm 以上の板厚の溶接によく用いられる．**溶接の強さは，のど厚 *a* と溶接長さ *l* によって定まる**．

開先角度と深さ

　図 3・8 に示すように，V 形や X 形などのように，開先に角度があるものは，その角度を指定する．また，開先の加工深さを開先深さといい，**開先の最小間隔 *r* をルート間隔**という．ルートは溶けた金属が回り込める道となる．狭いと溶け込み不足となる．開先溶接の照査は，軸方向応力度で行う．

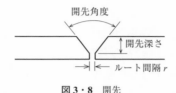

開先角度

開先深さ

ルート間隔 *r*

図 3・8　開先

**開先溶接の
のど厚**

　開先溶接の「**のど厚**」は，母材の板厚と同じである．しかし，図 3・7(d) のように母材の板厚が異なる場合は，**薄い方の板厚**となる．また，**図 3・9** に示すように部分的に溶け込んで開先溶接を行った場合の「のど厚」は，溶け込み深さをもって，のど厚とする．

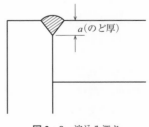

a(のど厚)

図 3・9　溶込み深さ

　開先溶接は，全厚溶込む完全溶込み開先溶接が可能であり，すみ肉溶接は母材間溶込みがない部分が生じる．

4 すみ肉溶接

ぜい肉も役立つ

ボディブロー
にも強いぞ

すみ肉溶接

　すみ肉溶接には，図 3・6 に示すように十字溶接継手，T 溶接継手，角溶接継手などがある．両母材の直交面（すみ）に溶着金属を溶着して接合する継手である．図 3・10 に T 溶接継手の例を示す．部分溶け込み溶接となる．

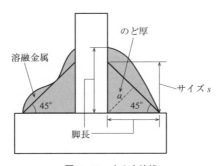

図 3・10　すみ肉溶接

**すみ肉溶接の
のど厚 a**

　すみ肉溶接は，図 3・10 に示すように，母材を重ね，溶融金属で融接する．この時溶融金属でできた長さを**脚長**といい，図 3・10 では不等脚長を示しているが，原則として等脚長とする．**図 3・11** に示すように不等脚長（等脚が原則）の**サイズ**の算定には，短い脚長を基準に 45 度の線を引き，これをサイズ s とする．この場合，45 度の線はすべて溶融金属の中にあることが重要である．またサイズに

cos 45°または sin 45°を乗じて**のど厚 *a*** を求める．すみ肉溶接の各種の仕上がり
形状によるのど厚 *a* とサイズ *s* を図 3・11 に示す．

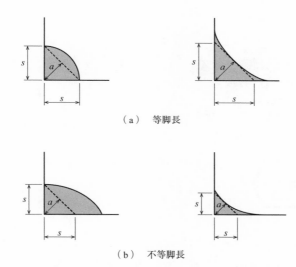

（a）　等脚長

（b）　不等脚長

図 3・11　脚長とのど厚 *a*

[**例題 1**]　図 3・12 に示す，すみ肉溶接の「のど厚」を求めよ．

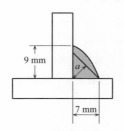

図 3・12　サイズの選択

[**解答**]　サイズ *s* は脚長の短い方で 7 mm となる．よって，のど厚 *a* は，

$a = 7\ \mathrm{mm} \times \cos 45° = 7 \times 0.707 = 4.9\ \mathrm{mm}$

5 ｜ 溶接の強さ

クレータは弱点

> **溶接の強さ**
>
> 溶接の強さは，溶着金属部の，**のど厚 a と有効長 l** に よってさだまる．

（1）のど厚

　開先溶接では，図 3・7 のように，母材の厚さ a である．両母材の厚さが異な るときは，薄いほうの板厚とする．図 3・10 に示す，すみ肉溶接では，溶着金属 の二等辺三角形の斜辺を底辺とする三角形の高さ a をのど厚とする．その大きさ は，サイズ s の 0.707 倍である．

（2）有効長

　応力を伝える**溶接継手の有効長 l** は，**図 3・13** に示すように，溶接開始点の不 完全部分（エンドタブで防止）および終端部分のつぼ状のへこみ分（クレータ） を除いた完全な断面を持つ部分の長さである．強度計算の時は，溶接全長から， **のど厚の 2 倍を除いたもの**を通常用いる．また，応力方向に対して角度 α がつ いた溶接長は，**応力方向直角に投影しておくこと**や，さらに，**まわし溶接は，有 効長に入れない**ことなどを留意する．

> **接合部の鋼材の 特性値**
>
> 強度の異なる鋼材の接合での特性値は，強度の低い鋼 材の値とする．
>
> ➡ H29 道橋示 II-4-1-3

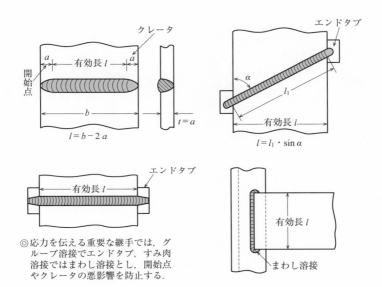

◎応力を伝える重要な継手では，グルーブ溶接でエンドタブ，すみ肉溶接ではまわし溶接とし，開始点やクレータの悪影響を防止する．

図3・13 溶接の有効長

表3・1 溶接部の強度の特性値〔N/mm²〕

鋼　種	SM400 SMA400W		SM490		SM490Y SM520 SMA490W			SBHS400 SBHS400W	SM570 SMA570W			SBHS500 SBHS500W
鋼材の板厚〔mm〕	40以下	40を超え100以下	40以下	40を超え100以下	40以下	40を超え75以下	40を超え100以下	100以下	40以下	40を超え75以下	40を超え100以下	100以下
工場溶接　完全溶け込み開先溶接　圧縮降伏	235	215	315	295	355	335	325	400	450	430	420	500
引張降伏	235	215	315	295	355	335	325	400	450	430	420	500
せん断降伏	135	125	180	170	205	195	185	230	260	250	240	285

表3・1　溶接部の強度の特性値〔N/mm²〕（つづき）

鋼　種	SM400 SMA400W		SM490		SM490Y SM520 SMA490W			SBHS400 SBHS400W	SM570 SMA570W			SBHS500 SBHS500W
鋼材の板厚〔mm〕	40以下	40を超え100以下	40以下	40を超え100以下	40以下	40を超え75以下	40を超え100以下	100以下	40以下	40を超え75以下	40を超え100以下	100以下
工場溶接　すみ肉溶接および開先溶接部　分け込み溶接部　せん断降伏	135	125	180	170	205	195	185	230	260	250	240	285
引張強度	400		490		490（520）[1]			490	570			570
現場溶接	原則として工場溶接											

注：1)（　）内は SM520 材の引張強度の特性値を示す.

開先溶接継手は軸方向力で照査

（1）限界状態1の照査

　図3・14に示す軸方向力を受ける開先溶接継手の照査は, 式(3・1)により軸方向応力度 σ_{Nd} を求め, 式(3・2)による軸方向引張応力度の制限値 σ_{Nyd} を超えないことで限界状態1を超えない（圧縮応力も同様）.

$$\sigma_{Nd} = \frac{P}{\Sigma(a \cdot l)} \leqq \sigma_{Nyd} \tag{3・1}$$

$$\sigma_{Nyd} = \xi_1 \cdot \Phi_{Mmn} \cdot \sigma_{yk} \tag{3・2}$$

（2）限界状態3の照査

　式(3・1)により, 継手に生じる軸方向引張応力度 σ_{Nd} を求める. 式(3・3)により制限値 σ_{Nud} を求め, $\sigma_{Nd} \leqq \sigma_{Nud}$ ならば限界状態3を超えない.

$$\sigma_{Nud} = \xi_1 \cdot \xi_2 \cdot \Phi_{Mmn} \cdot \sigma_{yk} \tag{3・3}$$

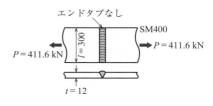

エンドタブなし
SM400
$l = 300$
$P = 411.6$ kN　$P = 411.6$ kN
$P = 411.6$ kN
$t = 12$

図3・14　開先溶接継手

[例題 2] 図 3・14 において，開先溶接継手の照査をせよ．母材の材質は SM400 とし，エンドタブを使用していない．表 1・7 の作用の組合せは②とする．

➡ H29 道橋示 II-9-3-1

[解答] ◼1 式(3・1)により，継手に生じる軸方向応力度 σ_{Nd} を求める．

$$\sigma_{Nd} = \frac{P}{\Sigma(a \cdot l)} = \frac{4.166 \times 10^5}{(12 \times 276)} = 125 \text{ N/mm}^2$$

◼2 式(3・2)より，軸方向引張応力度の制限値 σ_{Nyd}（限界状態 1）を求める．

$$\sigma_{Nyd} = \xi_1 \cdot \Phi_{Mmn} \cdot \sigma_{yk} = 0.90 \times 0.85 \times 235 = 179 \text{ N/mm}^2$$

∴ $\sigma_{Nd} \leqq \sigma_{Nyd}$ であるから，限界状態 1 を超えない．

σ_{Nd} ：継手に生じる軸方向応力度〔N/mm²〕
P ：継手に作用する力 $P = 4.116 \times 10^5$ N
a ：溶接ののど厚〔mm〕$a = t = 12$ mm
l ：溶接の有効長〔mm〕➡ 有効長は開始点とクレータの長さ
　　　($2a = 2 \times 12 = 24$ mm とすると，$l = 300 - 24 = 276$ mm)
σ_{Nyd} ：軸方向引張応力度の制限値〔N/mm²〕
ξ_1 ：調査・解析係数 = 0.90 ⎫
Φ_{Mmn} ：抵抗係数 = 0.85 ⎬ ➡表 3・2 参照
σ_{yk} ：溶接部の強度の特性値(SM400 ➡ 235 N/mm²) ➡表 3・1 参照

➡ H29 道橋示 II-9-4-1

表 3・2 調査・解析係数，抵抗係数

		ξ_1	Φ_{Mmn}
i)	ii)と iii)以外の作用の組合せを考慮する場合	0.90	0.85
ii)	⑩変動作用支配状況を考慮する場合		1.00
iii)	⑪偶発作用支配状況を考慮する場合	1.00	

◼3 式(3・3)より，軸方向引張応力度の制限値 σ_{Nyd}（限界状態 3）を求める．

$$\sigma_{Nud} = \xi_1 \cdot \xi_2 \cdot \Phi_{Mmn} \cdot \sigma_{yk} = 0.90 \times 1.00 \times 0.85 \times 235 = 179 \text{ N/mm}^2$$

$$\sigma_{Nud} = 179 \text{ N/mm}^2 \geqq \sigma_{Nd} = 125 \text{ N/mm}^2$$

∴ 限界状態 3 を超えない．

σ_{Nd} ：継手に生じる軸方向応力度〔N/mm²〕
σ_{Nud} ：軸方向引張応力度の制限値〔N/mm²〕
ξ_1 ：調査・解析係数 = 0.90 ⎫
ξ_2 ：部材・構造係数 = 1.00 ⎬ ➡表 3・3 参照
Φ_{Mmn} ：抵抗係数 = 0.85 ⎭
σ_{yk} ：溶接部の強度の特性値（SM400 ➡ 235 N/mm²）➡表 3・1 参照

表 3・3　調査・解析係数，部材・構造係数，抵抗係数

		ξ_1	ξ_2	Φ_{Mmn}
i)	ii)とiii)以外の作用の組合せを考慮する場合	0.90	1.00 0.95[1]	0.85
ii)	⑩変動作用支配状況を考慮する場合			1.00
iii)	⑪偶発作用支配状況を考慮する場合	1.00		

注：1) SBHS500 および SBHS500W の場合

　その他に，地震時の低サイクル疲労破壊や脆性破壊についても配慮を要すが，別の機会とする．

[例題3]　図 3・15 のように 300 × 12 mm の鋼板を完全溶け込み開先溶接したとき，溶接部に生じる応力度 σ_{Nd} を求めよ．ただし，エンドタブを用い，溶接長全部が有効である．また，鋼材に SM400 を使用したときの限界状態 1 の照査をせよ．表 1・7 の荷重の組合せは②とする．

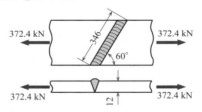

図 3・15　斜め開先溶接継手

[解答]　**■1** 有効長はエンドタブを用いているので全幅で 300 mm，のど厚 a は完全溶け込み開先溶接であるので，全厚で 12 mm，継手に作用する力は，

$$P = 372.4 \text{ kN} = 3.724 \times 10^5 \text{ N}$$

式(3・1)より，軸方向応力度 σ_{Nd} は，

$$\sigma_{Nd} = \frac{P}{\Sigma(a \cdot l)} = \frac{3.724 \times 10^5}{(12 \times 300)} = 103 \text{ N/mm}^2$$

■2 式(3・2)より，せん断応力度の制限値 σ_{Nyd} は，

$$\sigma_{Nyd} = \xi_1 \cdot \Phi_{Mmn} \cdot \sigma_{yk}$$
$$= 0.90 \times 0.85 \times 235$$
$$= 179 \text{ N/mm}^2$$

$$\sigma_{Nyd} \geqq \sigma_{Nd}$$

∴ 限界状態 1 を超えない．

ξ_1　：調査・解析係数 = 0.90　⎫
Φ_{Mmn}：抵抗係数 = 0.85　　　⎬ ➡表3・2参照
σ_{yk}：溶接部の強度の特性値　⎭
　　　（SM400 ➡ 235 N/mm²）➡表3・1参照

> **すみ肉溶接は せん断力で照査**

[例題4] 図3・16に示す，すみ肉溶接による継手の照査をせよ．母材の材質はSM490とし，392 kNの引張力が作用，サイズはs = 9 mmとする．表1・7の荷重の組合せは②とする．

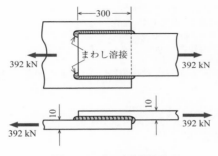

図3・16 すみ肉溶接継手

[解答] **１** すみ肉溶接継手の照査は，**式(3・4)**により継手に生じるせん断応力度 τ_d が，**式(3・5)**で求めたせん断応力度の制限値 τ_{yd} を超えないことで，限界状態1を超えない．

➡ H29 道橋示 II-9-3-1

> τ_d ：継手に生じるせん断応力度〔N/mm²〕
> P ：継手に作用する力 $P = 3.92 \times 10^5$ N
> a ：のど厚〔mm〕
> 　（サイズ $s = 9$ mm，のど厚 $a = 9 \times 0.707 = 6.363$ mm）
> l ：まわし溶接をしているので，有効長 $l = 300 \times 2 = 600$ mm
> τ_{yd} ：せん断応力度の制限値〔N/mm²〕
> ξ_1 ：調査・解析係数 = 0.90 　➡表3・2参照
> Φ_{Mmn} ：抵抗係数 = 0.85
> τ_{yk} ：溶接部のせん断降伏強度の特性値（SM490で $t = 12$ mm，すみ肉溶接 $\tau_{yk} = 180$ N/mm² 　➡表3・1参照

$$\tau_d = \frac{P}{\Sigma(a \cdot l)} \leqq \tau_{yd} \tag{3・4}$$

$$\tau_d = \frac{P}{\Sigma(a \cdot l)} = \frac{3.92 \times 10^5}{6.363 \times 600} = 103 \text{ N/mm}^2$$

$$\tau_{yd} = \xi_1 \cdot \Phi_{Mmn} \cdot \tau_{yk} \tag{3・5}$$
$$= 0.90 \times 0.85 \times 180 = 137 \text{ N/mm}^2$$

$$\tau_{yd} = 137 \text{ N/mm}^2 \geqq \tau_d = 103 \text{ N/mm}^2$$

∴　限界状態 1 を超えない.

2 図 3・16 に示す, すみ肉溶接において, 式(3・4)により求めた継手に生じる
せん断応力度 τ_d が, **式(3・6)**によるせん断応力度の制限値 τ_{ud} を超えないことで
限界状態 3 を超えない.

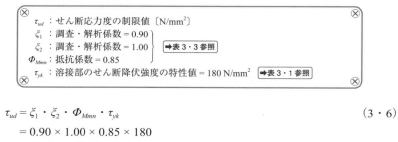

τ_{ud} : せん断応力度の制限値〔N/mm^2〕
ξ_1 : 調査・解析係数 = 0.90
ξ_2 : 調査・解析係数 = 1.00　**➡表3・3参照**
Φ_{Mmn} : 抵抗係数 = 0.85
τ_{yk} : 溶接部のせん断降伏強度の特性値 = 180 N/mm^2　**➡表3・1参照**

$$\tau_{ud} = \xi_1 \cdot \xi_2 \cdot \Phi_{Mmn} \cdot \tau_{yk} \tag{3・6}$$
$$= 0.90 \times 1.00 \times 0.85 \times 180$$
$$= 137 \text{ N/mm}^2$$

$$\tau_{ud} = 137 \text{ N/mm}^2 \geqq \tau_d = 103 \text{ N/mm}^2$$

∴　限界状態 3 を超えない.

[**例題 5**]　図 3・17 のように, ガセットプレートに, 山形鋼 90 × 90 × 10 を図の
ようにすみ肉溶接を現場で行った. どれほどの力を発揮することが可能か計算せ
よ. ただし鋼材は SM400 を用いる. また, サイズの違いは構造として影響ない
ものとする.

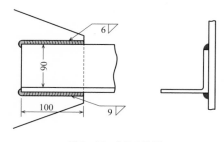

図3・17　すみ肉溶接

[**解答**]　**1** $\Sigma(a \cdot l)$ を求める. サイズ s が 6 mm と 9 mm で両者有効に働いている.
有効長 l は, 一端まわし溶接は含めず, 他端クレータなどが生じるので, その分

（ここでは，サイズ1個分）減ずる.

$\Sigma l = 200 - (6 + 9) \times 0.707 = 189$ mm

のど厚 $\Sigma a = (6 + 9) \times 0.707 = 10.6$ mm

$\Sigma(a \cdot l) = 10.6 \times 189 = 2\ 003$ mm^2

2 表 **3・2** より，$\xi_1 = 0.90$，$\Phi_{Mmn} = 0.85$，溶接部のせん断降伏強度の特性値 $\tau_{yk} = 135$ N/mm^2（原則として現場溶接は工場溶接と同じとする）なので，

せん断応力度の制限値 $\tau_{yd} = \xi_1 \cdot \Phi_{Mmn} \cdot \tau_{yk}$
$= 0.90 \times 0.85 \times 135 = 103$ N/mm^2

式(3・4)の $\tau_d = \dfrac{P}{\Sigma(a \cdot l)} \leqq \tau_{yd}$ より，P を求める.

$P \leqq \tau_{yd} \times \Sigma(a \cdot l) = 103 \times 2\ 003 = 206\ 309$ N

∴ 206 kN 以下で発揮可能である.

曲げモーメントを
受ける開先溶接
継手

(1) 限界状態1の照査
図 **3・18** に示すプレートガーダーのフランジ同士を完全溶け込み開先溶接でつなぐには，設計曲げモーメント M_d より，**式(3・7)**により求めた溶接点の曲げ

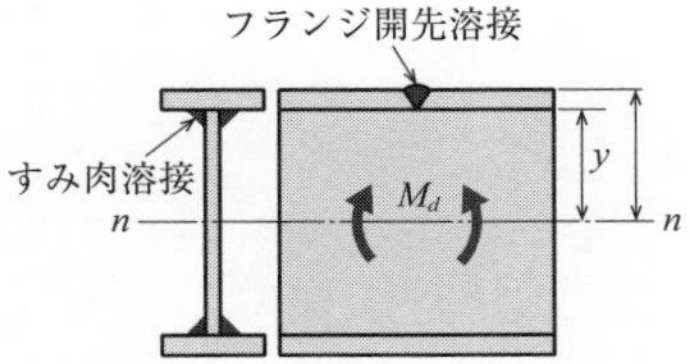

図3・18 フランジと腹板との溶接

応力度 σ_{Md} が，**式(3・8)**により求めた曲げ応力度の制限値 σ_{Myd} を超えないことで，限界状態1を超えないこととする.

➡ H29 道橋示 II-9-3-2

$$\sigma_{Md} = \frac{M_d}{I} \cdot y \leqq \sigma_{Myd} \tag{3・7}$$

$$\sigma_{Myd} = \xi_1 \cdot \Phi_{Mmb} \cdot \sigma_{yk} \tag{3・8}$$

> σ_{Md}：溶接部に生じる曲げ応力度〔N/mm^2〕
> M_d：継手に生じる曲げモーメント〔N・mm〕
> I：溶接部断面の断面二次モーメント〔mm^4〕
> y：中立軸から照査位置までの距離〔mm〕
> σ_{Myd}：曲げ応力度の制限値〔N/mm^2〕
> ξ_1：調査・解析係数 ➡表3・4参照
> Φ_{Mmb}：抵抗係数
> σ_{yk}：溶接部の降伏強度の特性値〔N/mm^2〕 ➡表3・1参照

表3・4　調査・解析係数，抵抗係数

		ξ_1	Φ_{Mmb}
i)	ii)と iii)以外の作用の組合せを考慮する場合	0.90	0.85
ii)	⑩変動作用支配状況を考慮する場合		1.00
iii)	⑪偶発作用支配状況を考慮する場合	1.00	

(2) 限界状態3の照査

式(3・7)で求めた溶接点の曲げ応力度 σ_{Md} が，**式(3・9)**で求めた曲げ応力度の制限値 σ_{Mud} を超えないことで，限界状態3を超えないこととする．

$$\sigma_{Mud} = \xi_1 \cdot \xi_2 \cdot \Phi_{Mmb} \cdot \sigma_{yk} \tag{3・9}$$

σ_{Md} ：溶接部に生じる曲げ応力度〔N/mm²〕
σ_{Mud} ：曲げ応力度の制限値〔N/mm²〕
ξ_1 ：調査・解析係数 = 0.90
ξ_2 ：部材・構造係数 = 1.00 ➡表3・5参照
Φ_{Mmb} ：抵抗係数 = 0.85
σ_{yk} ：溶接部の降伏強度の特性値（SM400 ➡ 235 kN/mm²）➡表3・1参照

表3・5　調査・解析係数，部材・構造係数，抵抗係数

		ξ_1	ξ_2	Φ_{Mmb}
i)	ii)とiii)以外の作用の組合せを考慮する場合	0.90	1.00 0.95[1]	0.85
ii)	⑩変動作用支配状況を考慮する場合			1.00
iii)	⑪偶発作用支配状況を考慮する場合	1.00		

注：1) SBHS500 および SBHS500W の場合

せん断力を受ける すみ肉溶接継手

図3・18のフランジと腹板との溶接は一般にすみ肉溶接で行われる．フランジと腹板の溶接などのように主要部材においては，すみ肉溶接のサイズ s は6 mm 以上とすること．

➡ H29 道橋示 II-9-4-1

設計曲げモーメント M_d から（$\tau_{Md} = \dfrac{M_d}{I} \cdot y$）求めてもよいが，ここでは設計せん断力 S_d を用いて，せん断応力度 τ を**式(3・10)**により求める．

$$\tau = \frac{S_d Q}{I_n \Sigma a} \tag{3・10}$$

S_d ：設計せん断力〔N〕
τ ：溶接部のせん断応力度〔N/mm²〕
Q ：断面一次モーメント〔mm³〕
I_n ：中立軸の断面二次モーメント〔mm⁴〕
Σa ：のど厚総長〔mm〕

限界状態3の照査として溶接部のせん断力の制限値 τ_{ud} は**式(3・11)**により求める.

$$\tau_{ud} = \xi_1 \cdot \xi_2 \cdot \Phi_{Mmn} \cdot \tau_{yk} \tag{3・11}$$

> τ_{ud} ：溶接部のせん断力の制限値〔N/mm^2〕
> ξ_1 ：調査・解析係数 ⎫
> ξ_2 ：部材・構造係数 ⎬ **➡表3・3参照**
> Φ_{Mmn}：抵抗係数 ⎭
> τ_{yk} ：溶接部のせん断降伏強度の特性値 **➡表3・1参照**

溶接部のせん断応力度 τ が，溶接部せん断力の制限値 τ_{ud} を超えないならば，限界状態3を超えない．計算例は，第4章「プレートガーダー橋の設計」で行う.

**曲げモーメントを
受けるすみ肉
溶接継手**

図3・18「フランジと腹板との溶接」継手は，すみ肉溶接継手である（部分溶け込み開先溶接も含む）．せん断応力度 τ_{Md} を**式(3・12)**により求める．また，**式(3・13)**により求めたせん断応力度の制限値 τ_{Myd} を超えないことで，限界状態1を超えないとする．軸方向力と同様に算定する．フランジと腹板などの主要部材のすみ肉溶接のサイズ s は，6 mm 以上とし，かつ**図3・19**の**式(3・14)**を満たすこと．　　　　　　　　　　　　　　　　**➡ H29 道橋示 II-9-2-6**

$$\tau_{Md} = \frac{M_d}{I} \cdot y \geqq \tau_{Myd} \tag{3・12}$$

$$\tau_{Myd} = \xi_1 \cdot \Phi_{Mmb} \cdot \tau_{yk} \tag{3・13}$$ 　　**➡ H29 道橋示 II-9-4-2**

限界状態3の照査は，ここでは省略する．

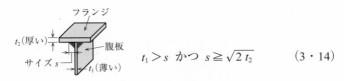

$$t_1 > s \text{ かつ } s \geqq \sqrt{2\,t_2} \tag{3・14}$$

図3・19 主要部材のサイズ s

6 高力ボルト接合の種類と継手の種類

高力ボルトの効力

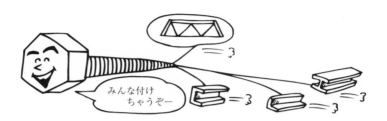

高力ボルト

　　高力ボルトとは，ボルトの材質に高張力鋼を使用したもので，材質により F8T，F10T，S10T，S14T の 4 種類がある．F：Friction（摩擦），S：Structural（構造），B：Bearing（支圧），10：引張強度で 1 000 N/mm^2 である．また，ボルトは「呼び」によって，M20（外形が 20 mm），M22，M24 の 3 種類が使用される．

　鋼橋などの構造物の部材間接合には，橋梁用鋼材として溶接性に優れたものが生産され，工場溶接が主流となっている．しかし，現場においては，溶接しにくい箇所，構造上加熱による残留応力が生じる個所，溶接部の X 線検査の困難な場所などが多く，現場溶接の採用に無理な場合が多い．

　このような点から，信頼性の高い高力ボルトが現場接合で使用されている．高力ボルトの接合方法には 3 種類がある．

(1) 高力ボルト摩擦接合（図 3・20）：**F8T，F10T，トルシア形 S10T，S14T**

　摩擦接合は，母材および連結板を高力ボルトで締め付け，**各材料の間に発生する摩擦力**で力を伝達する．

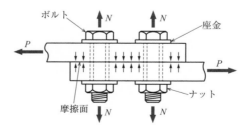

図3・20 高力ボルト摩擦接合

(2) 高力ボルト支圧接合（図3・21）：B8T，B10T

支圧接合は，**ボルト円筒部のせん断抵抗と円筒部とボルト孔壁との支圧力**により，応力を伝達する．摩擦接合に比べ，ボルト1本の特性値を50%高くとれる．ボルトはB8T，B10Tの打込みボルト（支圧面の密着効果）を使用する．このとき，**ネジ部に支圧断面が掛からないこと**．

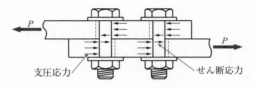

図3・21　高力ボルト支圧接合

(3) 高力ボルト引張接合（図3・22）：F10T，S10T

引張接合は，引張面を有する板同志をボルトの**軸力**で**直結**した短締め形式と板間にリブプレートなど取り付けた長締め形式がある．いずれも，引張力と平行に配置されたボルト軸により，力を伝達する方法である．

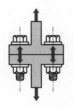

図3・22　高力ボルト引張接合（短締）

> **1 ボルト線上の本数制限**

図3・23に一線上に並ぶボルト本数を示すが，多くなるとボルトに作用する力が不均等になり，期待される耐荷力が確保されなくなる．支圧接合の場合には6本以下，摩擦接合では8本以下とすること．なお，接合面を無塗装とする場合や規定通り無機ジンクリッチペイントを塗装する場合には，**表3・6**に示す低減係数を摩擦接合用高力ボルトの滑り強度の特性値に乗じて12本を上限とすることができる．また，最小本数は2本とする．

➡ H29 道橋示 II-9-5-1

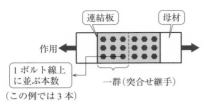

図3・23　ボルト本数

表3・6　摩擦接合すべり強度の低減係数

一線状に並ぶボルト本数	低減係数
8 本以下	1.00
9 本	0.98
10 本	0.96
11 本	0.94
12 本	0.92

ボルト配置と間隔

　ボルトの配置方法には**図3・24**に示すように，並列打ちと千鳥打ちがある．

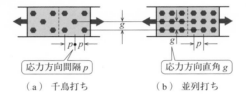

（a）千鳥打ち　　　　（b）並列打ち

図3・24　ボルト配置

1 **最大中心間隔** p と g は**表3・7**とする．ボルト間隔が広くなると，材片に局部座屈が生じたり，密着性が低下し，外気や雨水の侵入が生じる．

表3・7　ボルトの最大中心間隔〔mm〕

ボルトの呼び	最大中心間隔		
		p	g
M24	170	$12t$	$24t$
M22	150	千鳥 $=15t-\left(\dfrac{3}{8}\cdot g\right)\leqq 12t$	ただし 300 mm 以下
M20	130	t：外気側の板厚	

2 **ボルト中心から板縁端までの最小値**は，縁端の処理方法により，**表3・9**のようである．ボルトの間隔が小さくなると，ボルト締め作業に支障をきたしたり，母材や連結板の孔間耐力低下が生じる．

表3・8 ボルトの最小中心間隔

ボルトの呼び	最小中心間隔〔mm〕
M24	85
M22	75
M20	65

表3・9 最小縁端距離〔mm〕

ボルトの呼び	せん断縁,手動ガス切断	圧延縁,仕上げ縁,自動ガス切断機
M24	42	37
M22	37	32
M20	32	28

第3章 部材の接合

3 ボルトの配置のまとめを**図3・25**に示す.

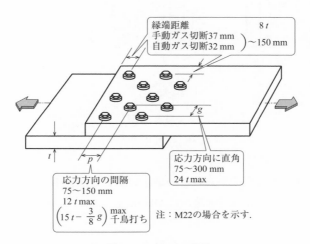

図3・25 ボルトの配置

純断面積と総断面積

圧縮材ではボルト配置に関係なく総幅 b_g に板厚 t を乗じて,総断面積 A_g を求める.ところが,**図3・26**に示すようにボルト孔のあいた引張応力を受ける部材断面積を求める場合,図3・26(a)の並列打ちでは,応力と直角の求積線上のボルト孔径 d を総幅 b_g より本数分減じた純幅 b_n に板厚を乗じて純断面積 A_n を求める.さらに,図3・26(b)の千鳥打ちでは,図中の①のように最初の孔 d を総幅 b_g より減じ,次のボルトは**式(3・15)**の w をボルト分減じ,純幅 b_n とするか,図中②のように直線上の孔 d を減じ,純幅とするか,小さい純幅を採用し,純断面積 A_n を求める.連結板の必要条件としては,断面積と材質は母材と同等以上とする.

➡ H29 道橋示 II-9-5-5

　なお，継手の設計において，母材断面にゆとりのあるところでの継手では，断面の持っている強さ（断面積 × 制限値で全強という）の 75% か，実作用力の大きい方でボルト本数を算出し，照査する．

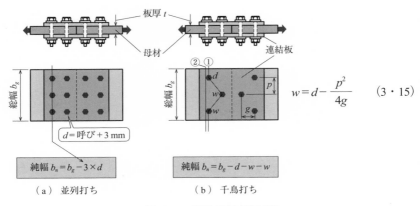

$$w = d - \frac{p^2}{4g} \qquad (3 \cdot 15)$$

純幅 $b_n = b_g - 3 \times d$

純幅 $b_n = b_g - d - w - w$

（a）　並列打ち　　　　　　　　（b）　千鳥打ち

図 3・26　総断面積と純断面積

[例題 6]　図 3・27 に示す千鳥打ちの継手に引張力が作用するとき，純断面積 A_n を求めよ．ただし，ボルトの呼びは M20 とする．

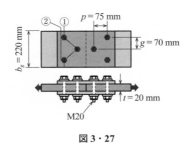

図 3・27

[解答]　ボルト径 $d = 20 + 3 = 23$ mm より，

$$w = d - \frac{P^2}{4g} = 23 - \frac{75^2}{(4 \times 70)} = 2.9 \text{ mm}$$

図中①の純幅 $b_n = b_g - d - w - w$

$$= 220 - 23 - 2.9 - 2.9 = 191.2 \text{ mm}$$

図中②の純幅 $b_n = b_g - d - d$

$$= 220 - 23 - 23 = 174 \text{ mm}$$

つまり，b_n は，小さい②の 174 mm となる．

よって，純断面積 $A_n = b_n \cdot t = 174 \times 20 = 3\,480 \text{ mm}^2$

（総断面積 $A_g = b_g \cdot t = 220 \times 20 = 4\,400 \text{ mm}^2$）

Coffee Break 引張接合のてこ反力

　引張接合では，図 **3・28** に示す短締め形式において $2P$ が作用しているとき，図 **3・29** に示すように，母材の微小な変形により，母材の一部を支点としてボルト軸に新たに反力 R が加算される．この反力 R を「てこ反力」という．図 **3・29** のボルトには $P + R$ の軸力が作用する．これを軽減するために図 **3・30** に示すように変形を抑えるリブを挟んで接合する．これを長締め形式という．

　平成 29 年道橋示では短締め継手では「てこ反力」を考慮し，また長締め形式では考慮なしで，ボルトの破断を限界状態 3 として照査する．

➡ H29 道橋示 II-9-11-2

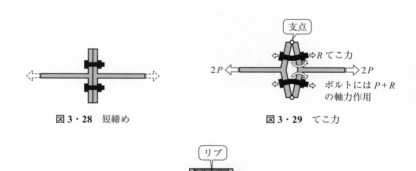

図 **3・28** 短締め　　　　　　図 **3・29** てこ力

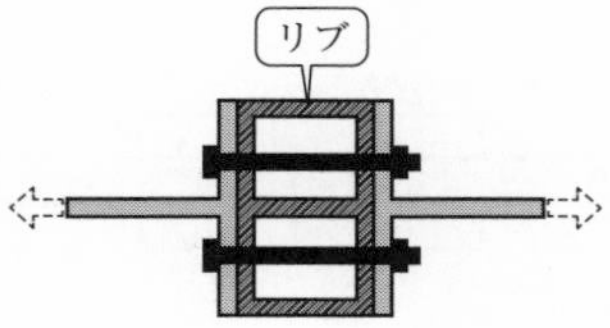

図 **3・30** 長締め

87

7 摩擦接合

摩擦面は大切に

油泥は落とす

きれいにふこう

摩擦接合

　高力ボルト摩擦接合の継手には，**図 3・31**(a)のように重ね継手と，図 3・31(b)と(c)のように，突合せ接合がある．また，応力を伝える摩擦面が図 3・31(a)と(b)は 1 面で 1 面摩擦という．さらに，図 3・31(c)は 2 面あるので 2 面摩擦という．2 面摩擦は 1 面摩擦の 2 倍の力を発揮できる．

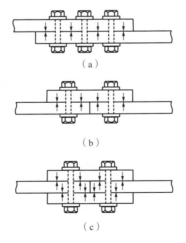

(a)

(b)

(c)

図 3・31　高力ボルト摩擦接合の種類

摩擦接合の
限界状態 1

摩擦面の滑りと母材や連結板の降伏を限界状態 1 と定義する．ここで，**図 3・32** に示す連結に，作用力 $P_{sd}=$ 600 kN が作用する場合，限界状態 1 の照査をする．ただし，摩擦接合用高力ボルトの材質は F8T で M22 を用いる．H 桁のフランジのように，垂直応力が均等に分布しているので，**式 (3・16)** が成立すれば，限界状態 1 を超えていない．

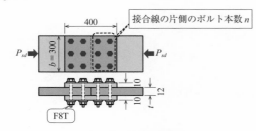

図 3・32 摩擦接合照査

$$V_{sd} = \frac{P_{sd}}{n} \leq V_{fyd} = \xi_1 \cdot \Phi_{Mfv} \cdot V_{fk} \cdot m \qquad (3 \cdot 16)$$

➡ H29 道橋示 II-9-6-2

このほか，母材連結板などの照査あるが，ここでは省略する．

> V_{sd}：ボルト 1 本当たりに生じる力〔N〕
> P_{sd}：図 3・32 の接合線の片側にある全ボルトに生じる力〔N〕
> 　　　($P_{sd} = \sigma \cdot b \cdot t$，$\sigma$ は照査位置の垂直応力度〔N/mm²〕)
> n　：図 3・32 の接合線の片側にある全ボルト本数
> V_{fyd}：ボルト 1 本当たりの制限値〔N〕
> ξ_1　：調査・解析係数 ⎫ ➡表 3・10 参照
> Φ_{Mfv}：抵抗係数 ⎭
> V_{fk}　：1 ボルト 1 摩擦面当たりのすべり強度〔N〕 ➡表 3・11 参照
> 　　　(摩擦面の塗装の可否により表 3・11 の値とする)
> m　：摩擦面数（単せん断 $m=1$，複せん断 $m=2$）

表 3・10 調査・解析係数，抵抗係数

		ξ_1	Φ_{Mfv}
i)	ii) と iii) 以外の作用の組合せを考慮する場合	0.90	0.85
ii)	⑩変動作用支配状況を考慮する場合	0.90	1.00
iii)	⑪偶発作用支配状況を考慮する場合	1.00	1.00

表 3・11 摩擦接合用高力ボルトのすべり強度の特性値（1 ボルト 1 摩擦面当たり）〔kN〕

等級 呼び	F8T	F10T	S10T	S14T
M20	53(60)	66(74)	66(74)	－
M22	66(74)	82(92)	82(92)	120(135)
M24	77(87)	95(107)	95(107)	140(157)

※接触面を塗装しない場合で，（　）内は無機ジンクリッチペイントを塗装する場合の値である．

[**例題 7**]　図 3・32 に示す例で作用力 $P_{sd} = 600$ kN が作用し，接触面を無塗装で摩擦接合を行った場合，この仮定のボルト配列で限界状態 1 を照査せよ．

[**解答**]　式(3・16)より求める．

$$ボルト 1 本当たりに生じる力 \ V_{sd} = \frac{P_{sd}}{n} = \frac{600\,000}{6} = 100\,000 \text{ N}$$

表 3・11 より，

$$V_{fk} = 66 \text{ kN} = 66\,000 \text{ N}$$

m は複せん断（2 面摩擦）なので，$m = 2$

$$
\begin{aligned}
V_{fyd} &= \xi_1 \cdot \Phi_{Mfv} \cdot V_{fk} \cdot m \\
&= 0.90 \times 0.85 \times 66\,000 \times 2 \\
&= 100\,980 \text{ N}
\end{aligned}
$$

V_{fyd}：ボルト 1 本当たりの制限値
ξ_1：調査・解析係数 = 0.90　⎫
Φ_{Mfv}：抵抗係数 = 0.85　　　　⎬**➡表 3・10 参照**
V_{fk}：1 ボルト 1 摩擦面当たりの　⎭
　　　すべり強度〔N〕　**➡表 3・11 参照**
m　：摩擦面数

$$V_{sd} = 100\,000 \text{ N} \leqq V_{fyd} = 100\,980 \text{ N}$$

∴　限界状態 1 を超えない．

摩擦接合の
限界状態 3

　　　滑りや支圧降伏の限界状態 1 を超えた後は，ボルトのせん断破断や母材の破壊が生じるが，これらのいずれかが生じた状態を限界状態 3 とする．

図 3・32 に示す連結に，作用力 $P_{sd} = 600$ kN が作用する場合，限界状態 3 の照査をする．ただし，摩擦接合用高力ボルトの材質は F8T で M22 を用いる．H 桁のフランジのように，垂直応力が均等に分布しているので，**式(3・17)**が成立すれば限界状態 3 を超えていない．

$$V_{sd} \leqq V_{fud} = \xi_1 \cdot \xi_2 \cdot \Phi_{MBs1} \cdot \tau_{uk} \cdot A_s \cdot m \qquad (3 \cdot 17)$$　**➡ H29 道橋示 II-9-9-2**

V_{sd}　：ボルト 1 本当たりに生じる力〔N〕
V_{fud}　：ボルト 1 本当たりのボルトのせん断破断に対する軸方向力またはせん断力の制限値〔N〕
ξ_1　：調査・解析係数
$\xi_2 \cdot \Phi_{MBs1}$：部材・構造係数 × 抵抗係数　**➡表 3・12 参照**
τ_{uk}　：摩擦接合用ボルトのせん断破断強度の特性値〔N/mm²〕　**➡表 3・13 参照**
A_s　：ボルトネジ部の有効断面積〔mm²〕　**➡表 3・14 参照**
m　：摩擦面数（単せん断 $m = 1$，複せん断 $m = 2$）

表 3・12 調査・解析係数, 部材・構造係数, 抵抗係数

		ξ_1	$\xi_2 \cdot \Phi_{MBs1}$
i)	ii) と iii) 以外の作用の組合せを考慮する場合	0.90	0.50
ii)	⑩変動作用支配状況を考慮する場合		0.60
iii)	⑪偶発作用支配状況を考慮する場合	1.00	

表 3・13 摩擦接合用ボルトのせん断破断強度の特性値〔N/mm²〕

等級 応力	F8T	F10T	S10T	S14T 防錆処理済
引張降伏	640	900	900	1 260
せん断破断	460	580	580	810
引張強度	800	1 000	1 000	1 400

表 3・14 ねじ部の有効断面積〔mm²〕

等級 呼び	M20	M22	M24
F8T, F10T, S10T	345	303	353
S14T	-	316	369

[**例題8**] 図 3・32 に示す例で作用力 P_{sd} = 600 kN が作用し, 接触面を無塗装で摩擦接合を行った場合, この仮定のボルト配列で限界状態 3 を照査せよ. 表 1・7 の作用組合せは②とする.

[**解答**] 式(3・17)より求める.

$$\text{ボルト 1 本当たりに生じる力 } V_{sd} = \frac{P_{sd}}{n} = \frac{600\,000}{6} = 100\,000 \text{ N}$$

m は複せん断なので, $m = 2$

$$V_{fud} = \xi_1 \cdot \xi_2 \cdot \Phi_{MBs1} \cdot \tau_{uk} \cdot A_s \cdot m = 0.90 \times 0.50 \times 460 \times 303 \times 2 = 125\,442 \text{ N}$$

$$V_{sd} = 100\,000 \text{ N} \leqq V_{fud} = 125\,442 \text{ N}$$

∴ 限界状態 3 を超えない.

> ⊗
> ξ_1 :調査・解析係数 = 0.90
> $\xi_2 \cdot \Phi_{MBs1}$:部材・構造係数 × 抵抗係数 = 0.50 ┃➡表3・12参照
> τ_{uk} :摩擦複合用ボルトのせん断破断強度の特性値(F8T ➡ 460 N/mm²) ➡表3・13参照
> A_s :ボルトネジ部の有効断面積 = 303 mm² ➡表3・14参照
> m :摩擦面数
> ⊗

今までは応力度分布が均等な桁のフランジ部の接合を学んできたが, 中立軸から縁端までで応力度が変化する腹板の接合についても, 基本的な考え方はほぼ同様であるので, 後章のプレートガーダー橋の設計で学ぶ.

8 支圧接合

支圧の心は母材の心

気持ちい〜い

支圧接合の種類

支圧接合は，摩擦接合と同様に，重ね継手と突合せ継手がある．また，摩擦接合と同様に単せん断と複せん断がある．ボルト自身のせん断抵抗とボルト円筒部（ネジ部ではない）と母材や連結板のボルト孔壁の支圧によって支える．孔壁とボルト軸の隙間がないよう打込みボルトを用いる．

支圧接合の限界状態1

ボルトのせん断降伏とボルトおよび母材・連結板の支圧限界のいずれかが至る状態を，限界状態1とする．垂直応力が均等なフランジ部の接合照査には，**1 ボルトのせん断降伏**に対して**式(3・18)**，**2 ボルトの支圧限界**に対して**式(3・19)**で各制限値を求める．このうち小さい方をボルト1本当たりの制限値 V_{yd} とし，**式(3・21)**が成立すれば限界状態1を超えない．

→ H29 道橋示 II-9-7-2

1 ボルトのせん断降伏 V_{syd}

$$V_{syd} = \xi_1 \cdot \Phi_{MBs1} \cdot \tau_{vk} \cdot A_s \cdot m \qquad (3 \cdot 18)$$

2 ボルトの支圧限界 V_{byd}

$$V_{byd} = \xi_1 \cdot \Phi_{MBs2} \cdot \sigma_{Bk} \cdot A_b \qquad (3 \cdot 19)$$

3 限界状態1の照査

V_{yd} は V_{syd} と V_{byd} の小さい制限値とする．V_{sd} は配置ボルト本数 n 作用力 P_{sd} より，**式(3・20)**より求める．

$$V_{sd} = \frac{P_{sd}}{n} \qquad (3 \cdot 20)$$

$$V_{sd} \leqq V_{yd} \qquad\qquad (3\cdot21)$$

∴ 限界状態 1 を超えない.

以下, 例題 9 を解きながら, 具体的な照査をする.

[例題 9] 図 3·33 に示す支圧接合のボルト配置に対する限界状態 1 を照査せよ. ただし, $P_{sd} = 480$ kN が作用する. また, 表 1·7 の作用組合せは②とする.

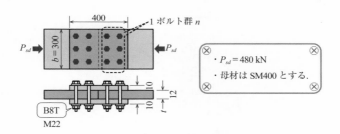

図 3·33 支圧接合照査

[解答] **1** 式 (3·18) より, せん断降伏 V_{syd} を求める.

$$V_{syd} = \xi_1 \cdot \Phi_{MBs1} \cdot \tau_{vk} \cdot A_s \cdot m$$
$$= 0.90 \times 0.85 \times 370 \times 303 \times 2 = 171\ 528\ \text{N}$$

> V_{syd}：ボルト 1 本のせん断降伏に対する軸方向力または, せん断力の制限値〔N〕
> ξ_1　：調査・解析係数 $= 0.90$ ⎫
> Φ_{MBs1}：抵抗係数 $= 0.85$ ⎬ ➡表 3·15 参照
> τ_{vk}　：支圧接合用高力ボルトのせん断降伏強度の特性値 $= 370$ N/mm² ➡表 3·16 参照
> A_s　：F8T $=$ B8T としてネジ部の有効断面積 $= 303$ mm² ➡表 3·14 参照
> m　：接合面数 (単せん断 $m=1$, 複せん断 $m=2$ より, $m=2$)

表 3·15 調査・解析係数, 抵抗係数

		ξ_1	$\Phi_{MBs1},\ \Phi_{MBs2}$
i)	ii) とiii) 以外の作用の組合せを考慮する場合	0.90	0.85
ii)	⑩変動作用支配状況を考慮する場合	0.90	1.00
iii)	⑪偶発作用支配状況を考慮する場合	1.00	1.00

表 3·16 支圧接合用高力ボルトの強度の特性値〔N/mm²〕

応力＼等級	B8T	B10T
せん断降伏	370	520
せん断破断	460	580
引張強度	800	1 000

2 支圧限界 V_{byd} を求める.

$$V_{byd} = \xi_1 \cdot \Phi_{MBs2} \cdot \sigma_{Bk} \cdot A_b$$
$$= 0.90 \times 0.85 \times 400 \times 22 \times 12 = 80\ 784\ \text{N}$$

V_{byd} ：ボルトの支圧限界に対する軸方向力または，せん断力の制限値〔N〕
ξ_1 ：調査・解析係数 = 0.90　┓　**➡表 3・15 参照**
Φ_{MBs2} ：抵抗係数 = 0.85　　┛
σ_{Bk} ：支圧接合用高力ボルトの支圧強度の特性値〔N/mm²〕　**➡表 3・17 参照**
A_b ：図 3・34 に示す有効支圧面積で，ねじ部外径と使用する部材の厚さの積〔mm²〕

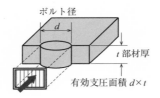

ボルト径
d
t 部材厚
有効支圧面積 $d \times t$

図 3・34　有効支圧面積

表 3・17　支圧接合用高力ボルトの支圧強度の特性値〔N/mm²〕

母材連結板 鋼種 板厚〔mm〕	SS400 SM400 SMA400	SM490	SM400Y SM520 SMA490W	SBHS400 SBHS400W	SM570 SMA570W	SBHS500 SBHS500W
40 以下	400	535	605	680	765	850
40 超え 75 以下	365	500	570	680	730	850

※ 75 超え 100 以下は省略

3 限界状態 1 の照査

上記**1**と**2**で求めた制限値の小さい方をボルト 1 本当たりの制限値 V_{yd} とする.

$$V_{yd} = V_{byd} = 80\ 784\ \text{N}$$

図 3・33 より，1 ボルト群 $n = 6$ 本，作用力 $P_{sd} = 480\ \text{kN}$ より，ボルト 1 本当たりに生じる力 V_{sd} は，

$$V_{sd} = \frac{P_{sd}}{n} = \frac{480\ 000}{6} = 80\ 000\ \text{N}$$

$$V_{sd} = 80\ 000\ \text{N} \leqq V_{yd} = 80\ 784\ \text{N}$$

∴　限界状態 1 を超えていない.

限界状態 3 については，ここでは省略する．　　　　　　　　　➡ H29 道橋示 II-9-10-1

また，高力ボルト引張接合についても省略する．　　　　　　　➡ H29 道橋示 II-9-8-1

　耐久性能の中で，継手部は応力の変動の影響を受ける．繰り返し荷重とその回数について疲労耐久性能の照査を行う必要がある．　　　　　　➡ H29 道橋示 II-8-2

　疲労設計には，図 1・14 に示す T 荷重と同様な疲労設計荷重（F 荷重）を載荷して変動応力を算出する．F 荷重は一組の鉛直荷重を車線中央に進行方向に移動させる．複数車線ではそれぞれの車線に載荷する．

疲労の安全性が確保されているとみなす条件

すでに疲労の安全性が確保されているとみなす条件は表 3・18 に示すすべてが該当する場合である．

表 3・18　疲労の安全性が確保されているとみなす条件

橋梁形式	コンクリート床版を有する鋼桁橋
使用継手	「H29 道橋示 II-8-3-2」に示す疲労強度等級 A から F 等級の継手
使用鋼種	SS400 SM400 SM490 SM490Y SM520 SMA400 SMA490 SBHS400
支間長	最小支間が 50 m 以上
一方向当たりの 1 日大型車交通量	1 000 台/(日・車線)以下（ADTT$_{SLi}$）

問題 1　接合方法による接合の種類を二つあげよ.
問題 2　溶接の継手の種類を二つあげよ.
問題 3　グルーブ溶接の「のど厚」とは何か.
問題 4　すみ肉溶接の「のど厚」とは何か.
問題 5　図3・aに示す, グルーブ溶接の応力度を求めよ.
問題 6　図3・bに示す, すみ肉溶接の応力度を求めよ. ただし, サイズは $s = 6$ mm とする.

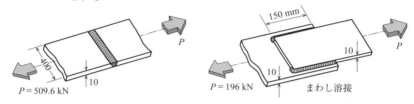

図 3・a

図 3・b

問題 7　M22 F8T の高力ボルト1ボルト1面摩擦の強さを求めよ.
問題 8　図3・cに示す高力ボルトを用いた継手に $P = 392$ kN の引張力が作用した場合の必要ボルト本数 n を求めよ. ただし, 高力ボルトは, M22 F10T を用い, 高力ボルト摩擦接合とする. 部材の幅 340 mm, 板厚 15 mm ボルトは3列とする.

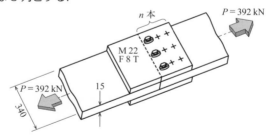

図 3・c

問題 9　無機ジンクリッチ塗装とは何か. また, 何のためにあるのか.
問題 10　完全溶込み溶接は, すみ肉溶接なのか, 開先溶接なのか.
問題 11　千鳥打ちと並列打ちの特徴を述べよ.

第4章

プレートガーダー橋の設計

　支間が 20 m 程度から適当な寸法の鋼板を組み合わせたプレートガーダーがよく用いられる．この形には I 形断面，π 形断面，箱型断面などがある．ここでは，基本的な I 断面を用いた単純プレートガーダー橋について学ぶ．

ポイント

▶ **主桁断面の設計** … 設計曲げモーメントより断面の仮定を行い，耐荷性能の照査により断面の決定を行えるようにする．

▶ **主桁の断面変化** … 断面変化の意義を知り，断面変化と抵抗モーメントについて知る．

▶ **主桁の連結** ……… 母材の応力分布に着目した，高力ボルト摩擦接合について耐荷性能等の照査により設計できるようにする．

▶ **補剛材の設計** …… 補剛材の役目を知り，座屈から耐荷性能の照査をし，断面決定できるようにする．

▶ **対傾構・横構** …… 風・地震・温度変化による応力を橋全体で分散し，立体構造の維持に務める．特に風荷重について取り上げ横倒れ座屈などを知る．

▶ **支承** ……………… 上部構造の静的な安定支持，地震時や桁衝突などの偶発的な作用力などから支承を選択する方法，支圧に対する耐荷力などの照査を通じて，支承の役割を知る．

1 構造と設計手順

薄板も合わせ方一つで強し

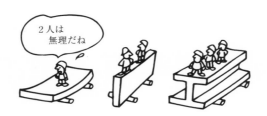

スクラム組んで
より強く

プレートガーダー橋の構造は，図4・1に示すように，薄い鋼板を溶接により接合させて巧みに組み合わせ，I形断面にした桁が基本となっている．これを主桁という．さらに，対傾構や横構および垂直補剛材などを接合し，橋として立体的な剛体構造を保っている．橋の重要度や架設位置の特別条件など，橋梁計画の前提条件を設計条件の前に記載するがここでは省略する．

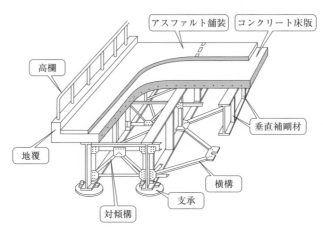

図4・1　プレートガーダー橋の構造

**単純プレート
ガーダー橋の
設計手順**

(1) 設計条件

　ここでは，**図4・2**に示す橋
の支間，幅員や，載荷する活荷
重，橋の形式など，どちらかと

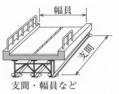

図4・2　設計条件

いうと，発注者からの指示によるものが主となる．また，
これらの条件より確定してくる鋼材の種類や単位体積重
量などの諸設計要素も表示する．また，維持管理のしやすさの工夫や方針を示す．
設計では，これらの条件を逸脱しないように計算を進めることが重要である．

(2) 概略設計

　既存のデータなどをもとに，設計条件より，**図4・3**に示すような各部材の概
略寸法や構造形式などを決定し，後述の図4・12〜図4・17に示す概略図をつく
る．特に主桁間隔が次に示す床版の設計で重要となる．

(3) 床版の設計

　床版は，ほぼ直接輪荷重が作用するので，T荷重により設計する．また，床版
には，主として鋼と鉄筋コンクリートがあるが，ここでは，後者で設計する．床
版の設計では，**図4・4**に示す有効高さと鉄筋量の計算が重要となる．

図4・3　概略設計

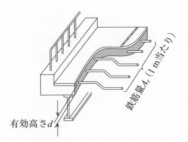

図4・4　床版の設計

(4) 主桁の設計

　図4・5に示すように主桁は床版で受けた活荷重を支点に伝達するので，等分
布化したL荷重を載荷して設計する．ここでは，主桁の断面，断面変化，連結，
補剛材の設計を行う．

第4章　プレートガーダー橋の設計

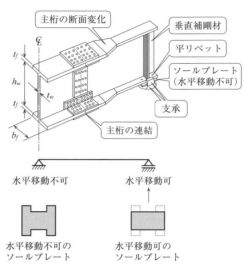

図 4・5　主桁断面の設計

（5）対傾構の設計

　対傾構には，**図 4・6** に示すように橋の両端に端対傾構，それ以外の中間部にある中間対傾向の 2 種類がある．対傾構は橋の立体構造を保つ働きがある．主桁 3 本以上で支間長が 10 m を超えるときには，剛度（他の桁に作用力を伝

図 4・6　対傾構の設計

える能力）を持つ荷重分配横桁を 20 m 未満の間隔で設けるが，本書では非分配の対傾構を設置する．対傾構は，主としてトラスで設計する．部材には溝型鋼や山形鋼を用いる．

➡ **H29 道橋示 II-13-8-2**

（6）横構の設計

　図 4・7 に示す横構は，風荷重のような横荷重に抵抗するために設ける．横構は直接風の当たる耳桁の内側に入れる．部材は一般に山形鋼を用いる．

（7）支承の設計

　図 4・8 に示す支承は，橋の死荷重や活荷重を橋台または橋脚に伝達する働きがある．支承は主として支点反力（せん断力，支圧力）により設計する．支承の材質には鋳鋼などが用いられる．

図4・7 横構の設計

図4・8 支承の設計

Coffee Break **設計示方書**

　設計の基準を記した書物である．この指示に従って設計を行う必要がある．法的な力もあり，工事中や完成後の構造物の破壊事故などでの過失の有無の証明となる．本書で用いているものは，道路橋示方書である．この書は数年で改訂され，時代にマッチした内容となっている．

||
バイブル

図4・9 設計示方書

2 設計条件

オーダーメイドは財布との相談

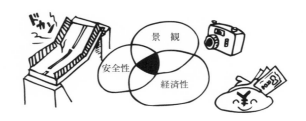

目的性能・安全性・
経済性・景観・
維持管理などが
設計条件

使用目的の適合性，構造物の安全性・耐久性・維持管理のしやすさ・経済性・施工の品質・環境との調和などの橋梁計画の前提条件などを調査の上，設計条件として以下の内容などを列挙する．

(1) 橋の形式

橋の形式は，主として支間の大小により決定される．しかし，瀬戸大橋のように，架設地域の景観に影響する場合には，環境アセスメントの意見を受けて CG などの手法を用い，決定する．よく用いられる支間による橋の形式を**表4・1**に示す．

表 4・1　支間と形式

形式	支間〔m〕
単純桁橋	20 ～ 40
連続桁橋	40 ～ 70
トラス橋	50 ～ 100
斜張橋	100 ～ 180
アーチ橋	80 ～ 160
吊橋	140 ～ 450

(2) 活荷重

活荷重は，高速自動車国道，一般国道，都道府県道やこれらを結ぶ幹線道のように大型車の走行が多い場合に B 活荷重を用い，その他の市町村道では大型車の走行量によって A 活荷重または B 活荷重が用いられる．

(3) 橋の寸法

橋の寸法は，支間や幅員などの寸法を書く．支間は架設現場で決まるが，幅員は道路構造令の規定により決め，道路としての機能を損なうことのないようにする．

(4) 使用鋼種

使用鋼種 SM400A などと示し，弾性限界の降伏強度や最大引張強度を表記する．床版コンクリートの設計基準強度 σ_{ck} は 24 N/mm^2 以上とする．使用鉄筋は異形

鉄筋を用い，その直径は 13，16，19 mm とする．鋼種は SD295A または SD295B および SD345 とする．その他，支承材料なども表示する．

(5) 材料の重量

　材料の重量は，各材料の単位体積重量を記載し，死荷重の算定に用いる．材料としては，鉄筋コンクリート，アスファルトコンクリート，鋼材，高欄などを列記する．

(6) 適用示方書

　適用示方書は，日本道路協会の道路橋示方書などを用い，発行の年月日も書く．以下に設計条件例を示す．本書ではこの条件で上部構造の設計を試みる．

① **荷　　　　重**	B 活荷重　交通量　大型車 480 台 / 日	
② **供 用 期 間**	100 年（設計供用期間）	
③ **構 造 形 式**	単純プレートガーダー橋	
④ **寸　　　　法**	支間 24 m　有効幅員 5.7 m	
⑤ **材　　　　料**	鋼板　SM400A　鉄筋　SD345	
	コンクリート　設計基準強度 $\sigma_{ck} = 24$ N/mm^2	
⑥ **材 料 重 量**	鋼材　77.0 kN/m^3	
	鉄筋コンクリート　24.5 kN/m^3	
	アスファルト舗装　22.5 kN/m^3	
	高欄　0.65 kN/m　鋼重　2.3 kN/m^2	
⑦ **適用示方書**	道路橋示方書　平成 29 年 11 月　日本道路協会	

Coffee Break　高欄（こうらん）

　弁慶と牛若丸が五条の大橋で戦った話はよく聞かされたものである．牛若丸がジャンプして乗ったのが高欄である．高欄には大変芸術的な装飾が施されているものが多い．歩車道の区別のある橋では，歩行者の安全のために高欄を設ける．自動車専用の橋や歩道のない橋では，高欄ではなく自動車用防護柵を設ける．

　高欄は人間の腰より少し高い 1.10 m 以上で 1 m 当たり 2.5 kN の水平荷重を想定している．だから，高欄に自動車が当たれば突き破り飛び落ちることになる．高欄は橋桁への過大モーメントを防いでいる．

図 4・10　高欄

3 概略設計

初心忘るべからず

概略設計で設計は 90% 終わる

概略設計は，主桁，対傾構，横構，垂直補剛材などの間隔，主桁断面変化および連結の位置などをあらかじめ決めるものである．決定にあたっては，**示方書の規定や過去の設計データなどをもとに仮定する**．

（1）主桁その他の間隔

主桁間隔は床版の支間により決定される．間隔が広いと床版厚は増し，死荷重が増大する．また狭いと主桁本数が増え，不経済となる．そこで，床版の中間部

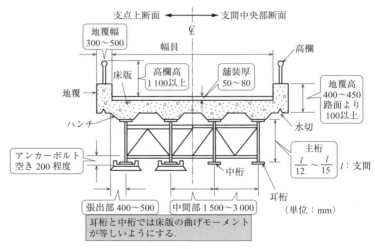

図 4・11　主桁間隔等の仮定

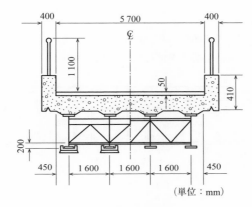

図 4・12　横断面図

と張り出し部の長さは**図 4・11** に示すような範囲で仮定する．地覆寸法や舗装厚なども同様である．最も外にある 2 本の主桁を耳桁，中間にある主桁を中桁という．**図 4・12** に仮定した例を示す．

（2）対傾構・横構間隔

　対傾構は**支間中央部には必ず入れ，6 m 以下の間隔とする**．また，**フランジ幅の 30 倍以下とし，横構は対傾構の間に挿入**する．**図 4・13** に仮定した具体例を示す．

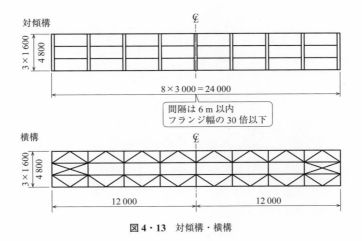

図 4・13　対傾構・横構

第 4 章　プレートガーダー橋の設計

（3）垂直補剛材間隔

垂直補鋼材に対傾構や横構を取り付けるので，その間隔は**図 4・14** に示すようになる．ただし，**主桁高の 1.5 倍以内の間隔**とする．

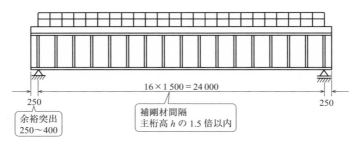

図 4・14　補剛材

（4）断面変化の位置

断面変化の位置は，特に基準はないが，ある基準をここでは用いる．この基準は**図 4・15** に示すように，支間に応じ変化数とその位置を定める．設計例の断

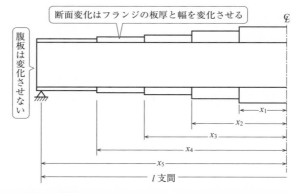

変化数 変化位置	1	2	3	4
x_1	$0.3385\,l$	$0.2000\,l$	$0.2185\,l$	$0.1900\,l$
x_2		$0.3271\,l$	$0.3280\,l$	$0.2855\,l$
x_3			$0.4190\,l$	$0.3620\,l$
x_4				$0.4350\,l$
適用支間	$l < 24\,\mathrm{m}$	$24 \leqq l < 35$	$35 \leqq l < 45$	$45 \leqq l$

図 4・15　断面変化の位置

面変化の位置は，**図4・16**のように支間が24 mなので2か所にする．**断面変化はフランジのみ変化させ，腹板は変化させない．**

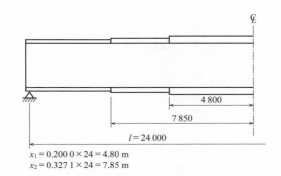

$x_1 = 0.200\ 0 \times 24 = 4.80$ m
$x_2 = 0.327\ 1 \times 24 = 7.85$ m

図4・16 フランジの断面変化

(5) 主桁の連結位置

工場で製作した部材は，架設現場まで運ぶために，適当な長さ（一般道路では12 m程度）に分割する．一般に分割された部材は，現場で高力ボルトにより接合するが，これを連結という．

連結の位置は，強度的にも余裕のある位置で行い，**支間中央部を避けた位置で**行う．具体的な位置は中央部から見て断面変化直前の**抵抗モーメントに余裕のある位置**とし，2枚の垂直補剛材の中央で連結する．**図4・17**では，支間中央から6.75 mの位置で連結を行う．

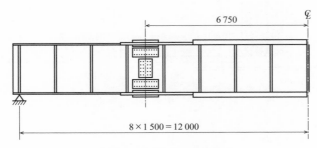

図4・17 主桁の連結位置

107

4 床版の設計

縁の上の力持ち

直接 T 荷重を
一手に引き受ける
床版

床版は**図 4・18**に示すように，トラックの後輪荷重の $P_T = 100$ kN を載荷する．本例では，耳桁部上の片持部の床版の設計を行う．照査手順は，以下の通りである．

耐久性能からの床版厚決定 ➡ 曲げモーメントを算出し疲労照査

➡ 内部鋼材の腐食照査 ➡ 耐荷性能の限界状態 1, 3 の照査を行う

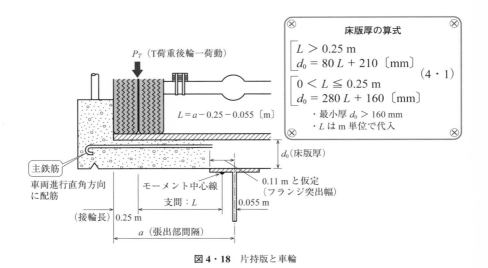

床版厚の算式

$$\left[\begin{array}{l} L > 0.25 \text{ m} \\ d_0 = 80\,L + 210 \ \text{[mm]} \end{array}\right.$$

$$\left[\begin{array}{l} 0 < L \leq 0.25 \text{ m} \\ d_0 = 280\,L + 160 \ \text{[mm]} \end{array}\right. \qquad (4 \cdot 1)$$

・最小厚 $d_0 > 160$ mm
・L は m 単位で代入

P_T（T荷重後輪一荷動）

$L = a - 0.25 - 0.055$〔m〕

主鉄筋
車両進行直角方向に配筋

モーメント中心線

d_0（床版厚）

0.11 m と仮定
（フランジ突出幅）

支間：L

0.055 m

（接輪長）0.25 m

a（張出部間隔）

図 4・18　片持版と車輪

(1) 耐久性能からの床版厚の過程

床版は**直接輪荷重**により繰返し作用を受ける．特に耐久性能が求められる．このため，車道部の床版の最小厚さ d_0 は，車両進行直角方向に主鉄筋がある場合，片持版での最小厚は，図 4・18 中の**式(4・1)**により求める．

1 片持版で支間 $L = 0.145$ m の床版の最小厚 d_0 を求める．

式(4・1)より，

$$d_0 = 280L + 160 = 280 \times 0.145 + 160 = 200 \text{ mm}$$

1で求めた最小床版厚 d_0 より，所要の耐久性能をそなえた床版厚 d を**式(4・2)**により求める．

→ H29 道橋示 II-11-5

$$d = \kappa_1 \cdot \kappa_2 \cdot d_0 \tag{4・2}$$

2 床版の最小厚 $d_0 = 200$ mm より疲労に対する耐久性能から床版厚 d を求める．

κ_1 は大型自動車の交通量による係数で，一方向当たり大型車の 1 日当たりの計画交通量が 500 台未満で $\kappa_1 = 1.10$，500 ～ 1 000 台未満で $\kappa_1 = 1.15$，1 000 ～ 2 000 台未満で $\kappa_1 = 1.20$，2 000 台以上で $\kappa_1 = 1.25$ とする．κ_2 はフランジの剛度差の係数で，$\kappa_2 = 0.9\sqrt{M/M_0} \geqq 1.00$（$M_0：M_{TL}$ のこと．M：床版の支持桁の剛性の差で付加された曲げモーメント $M_0 + \Delta M$）．ここでは差が生じないとして $\kappa_2 = 1.00$ とする．

耐久性能からの床版厚は，式(4・2)より

$$d = 1.10 \times 1.00 \times 200 = 220 \text{ mm}$$

(2) 床版に作用する曲げモーメント

床版に作用する荷重は，**図 4・19** に示すように死荷重として舗装，床版，地覆，高欄の自重がある．死荷重による曲げモーメント M_{DL} を算出する．活荷重には T 荷重後輪と衝撃荷重および高欄に作用する水平力 P_H がある．T 荷重後輪と衝撃荷重による曲げモーメント M_{TL} は，車両進行方向に直角に主鉄筋が入る場合，**式(4・3)**より求める．<u>疲労に対する耐久性能の照査では，荷重係数や荷重組合せ係数を乗じなくてよい</u>．耐荷性能の照査では，M_{DL} と M_{TL} に各係数を乗じて，限界状態を照査する．

1 死荷重による曲げモーメント M_{DL}

図 4・19 より，死荷重による 1 m 当たりの曲げモーメント M_{DL} を算出する．

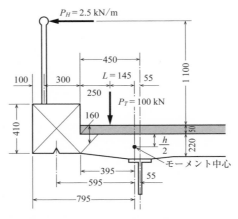

図 4・19　死荷重による床版に作用する曲げモーメント

舗装	$-22.5 \times 0.05 \times 0.395 \times 0.395 / 2$	$= -0.09$
床版	$-24.5 \times (0.220 + 0.160) / 2 \times 0.395 \times 0.395 / 2$	$= -0.36$
地覆	$-24.5 \times 0.41 \times 0.40 \times 0.595$	$= -2.39$
高欄	-0.65×0.695	$= -0.45$

$$M_{DL} = -3.29 \text{ kN·m/m}$$
$$\fallingdotseq -3.3 \text{ kN·m/m}$$

❷ T 活荷重による曲げモーメント M_{TL}

片持版の車両進行直角方向の支間 L の場合，M_{TL} は式 (4・3) より算出する．

→ **H29 道橋示 II-11-2-3**

$$M_{TL} = \frac{-P \cdot L}{(1.3 \cdot L + 0.25)} \ \text{(kN·m/m)} \qquad (衝撃を含む) \tag{4・3}$$

図 4・19 において，T 活荷重による曲げモーメント M_{TL} は式 (4・3) より

$$M_{TL} = \frac{-P \cdot L}{(1.3 \cdot L + 0.25)} = \frac{-100 \times 0.145}{(1.3 \times 0.145 + 0.25)} = -33.1 \text{ kN·m/m}$$

❸ 高欄に作用する曲げモーメント M_H

高欄に作用する水平力 $P_H = 2.5$ kN/m による曲げモーメント M_H は活荷重として M_{TL} に加算し改めて M_{TL} とする．図 4・19 の高欄に作用する水平力 $P_H = 2.5$ kN/m による曲げモーメント M_H を求める．

図4・19より，高欄P_H作用点から舗装路面まで1.1 m，舗装厚0.05 m，床版厚1/2，図4・19に示すモーメント中心点のモーメントM_Hは，

$$M_H = -2.5 \times (1.10 + 0.05 + 0.220/2) = -3.2 \text{ kN·m/m}$$

$$\therefore \ M_{TL} = -33.1 - 3.2 = -36.3 \text{ kN·m/m}$$

4 耐久性能照査設計曲げモーメント M_d（片持部）

$$M_d = M_{DL} + M_{TL} = -3.3 - 36.3 = -39.6 \text{ kN·m/m}$$

5 配力鉄筋方向の曲げモーメント M_s（片持部）

$$M_s = +(0.15L + 0.13) \cdot P \tag{4・4}$$

式(4・4)で求められ死荷重による曲げモーメントは無視してよい．また主鉄筋と同様の計算であるので，ここでは省略する．

(3) 床版断面の耐久性能照査

1 鉄筋の配置

一般に，**図4・20**に示すように，鉄筋は異形鉄筋を用い，直径13，16，19 mmを標準に使用する．また，鉄筋の中心間隔は100～300 mmとする．引張主鉄筋の間隔は床版全厚を超えないこと．鉄筋のかぶり（コンクリート表面から鉄筋表面までの最短距離）は30 mm以上とする．圧縮側には，引張鉄筋の1/2を配置する．本書での計算は単鉄筋長方形梁として計算する．　➡ **H29 道橋示 II-11-2-7**

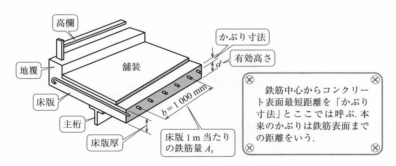

図4・20　鉄筋の配置

設計曲げモーメントM_dより，床版の有効高さdと必要な鉄筋量A_sを仮定するには，有効高さdは**式(4・5)**，鉄筋量A_sは**式(4・6)**で算出する．

$$d = C_1 \sqrt{\frac{M_d}{b}} \qquad\qquad (4 \cdot 5)$$

$$A_s = C_2 \sqrt{M_d \cdot b} \qquad\qquad (4 \cdot 6)$$

C_1, C_2 はコンクリートの設計基準強度 $\sigma_{ck} = 24$ N/mm^2, 鉄筋 SD345 の場合, 下記囲み式より, $C_1 = 0.77459$, $C_2 = 0.012909$ となる.

$$C_1 = \sqrt{\dfrac{6}{\sigma_{cy}\left(3 - \dfrac{n\sigma_{cy}}{n\sigma_{cy} + \sigma_{ty}}\right)\left(\dfrac{n\sigma_{cy}}{n\sigma_{cy} + \sigma_{ty}}\right)}}$$

$$C_2 = \frac{\sigma_{cy}}{\sigma_{ty}} \sqrt{\frac{3n}{2(2n\sigma_{cy} + 3\sigma_{ty})}}$$

n : ヤング係数比 15
σ_{cy} : コンクリートの曲げ圧縮応力度の制限値で
　　　設計基準強度 σ_{ck} の 1 / 3 の値 8.0 N/mm^2　　➡ H29 道橋示 II-11-5
σ_{ty} : SD345 引張応力度の制限値で 120 N/mm^2　　➡ H29 道橋示 II-11-5

設計曲げモーメント M_d より, 式(4・5), 式(4・6)を用いて有効高さ d と鉄筋量 A_s を求め, 鉄筋の配置をする.

$$M_d = 39.6 \text{ kN·m/m} = 3.96 \times 10^7 \text{ N·mm/m}$$

$$b = 1 \text{ m} = 1\,000 \text{ mm}$$

必要有効高さ $d = C_1 \sqrt{\dfrac{M_d}{b}} = 0.77459 \times \sqrt{\dfrac{3.96 \times 10^7}{1\,000}} = 154$ mm

かぶり寸法を 40 mm とって, 床版全厚さ 220 mm であるので, 実有効高さは,

$$d = 180 \text{ mm} \geqq 154 \text{ mm}$$

必要な鉄筋量 $A_s = C_2 \sqrt{M_d \cdot b}$
$$= 0.012909 \times \sqrt{3.96 \times 10^7 \times 1\,000} = 2\,569 \text{ mm}^2$$

表4・2 より, D19 mm を 100 mm 間隔に**図4・21** のように配置すると,

$$A_s = 2\,865 \text{ mm}^2$$

となり, 必要量を超えている. また, 圧縮側に D19 mm を 200 mm 間隔に配置する. かぶりは 40 − 19 / 2 = 30.5 mm ≧ 30 mm で安全である.　　➡ H29 道橋示 II-11-2-7

表 4・2 異形鉄筋配置幅総断面積〔mm²〕/1 000 mm

直径	中心間隔〔mm〕					
	100	125	150	200	250	300
D13	1 267	1 014	845	634	507	422
D16	1 986	1 589	1 325	993	794	661
D19	2 865	2 292	1 911	1 433	1 146	954

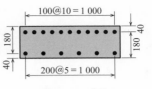

図 4・21 配置

2 疲労に対するコンクリート圧縮応力度 σ_c

圧縮応力度 σ_c は**式(4・7)**により求める.

$$\sigma_c = \frac{2M}{bkjd^2} \qquad (4 \cdot 7)$$

設計曲げモーメント M_d より, 式(4・7)を用いてコンクリートの圧縮応力度 σ_c を求め, 照査する.

$b = 1\ 000$ mm, $k = 0.492$, $j = 0.836$, $d = 180$ mm, $M_d = 3.96 \times 10^7$ N·mm なので, 式(4・7)より,

> M：設計曲げモーメントで M_d
> b：床版 1 m の幅で 1 000 mm
> k：$k = \sqrt{2np + (np)^2} - np$
> $\quad = \sqrt{2 \times 15 \times 0.0159 + (15 \times 0.0159)^2} - 15 \times 0.0159$
> $\quad = 0.492$
> n：鉄筋とコンクリートのヤング係数比 = 15
> p：鉄筋比 $= \dfrac{A_s}{bd} = \dfrac{2\ 865}{1\ 000 \times 180} = 0.0159$
> j：$j = 1 - \dfrac{k}{3} = 1 - \dfrac{0.492}{3} = 0.836$
> x：$x = kd = 0.492 \times 180 = 88.6$ mm

$$\sigma_c = \frac{2M_d}{bkjd^2} = \frac{2 \times 3.96 \times 10^7}{1\ 000 \times 0.492 \times 0.836 \times 180^2} = 5.9 \text{ N/mm}^2 \leqq 8.0 \text{ N/mm}^2$$

∴ 疲労に対し安全である.

<u>曲げ圧縮応力度の制限値 $\sigma_{ck} = 24$ N/mm² では 8.0 N/mm²</u>　　➡ H29 道橋示 II-11-5

4 疲労に対する鉄筋の引張応力度 σ_t

引張応力度 σ_t は**式(4・8)**より求める.

$$\sigma_t = \frac{M_d}{A_s jd} \qquad (4 \cdot 8)$$

設計曲げモーメント M_d より式(4・8)を用いて鉄筋の引張応力度 σ_t を求める.

$A_s = 2\ 865$ mm², $j = 0.836$, $d = 180$ mm, $M_d = 3.96 \times 10^7$ N·mm なので, 式(4・8)より,

$$\sigma_t = \frac{M_d}{A_s jd} = \frac{3.96 \times 10^7}{2\ 865 \times 0.836 \times 180} = 91.9 \text{ N/mm}^2 \leqq 120 \text{ N/mm}^2$$

∴ 疲労に対し安全である.

<u>鉄筋の引張応力度の制限値 ➡ 120 N/mm²</u>　　➡ H29 道橋示 II-11-5

5 内部鋼材の腐食に対する耐久性照査

主鉄筋のひずみにより，かぶり部のコンクリートにひび割れが生じやすい．主鉄筋のひずみを抑える目的で鉄筋応力度を制御することで，100 年の耐久性が確保される．死荷重による曲げモーメント M_{DL}（**荷重係数・荷重組合せ係数は乗じない**）による曲げ応力度 σ_{DL} が，ひび割れを抑えるための鉄筋の引張応力度の制限値 σ_{yd} を超えないことで達成する．また，海岸では塩害などの対策も要す．

<u>鉄筋の引張応力度の制限値 $\sigma_{yd} = 100$ N/mm^2</u>（RC 床版 SD345 の場合）とする．

式(4・8)を用いて曲げモーメントは死荷重のみであるので，

$$M_{DL} = -3.3 \text{ kN·m/m}$$

$$\sigma_{DL} = \frac{M_{DL}}{A_s jd} = \frac{3.3 \times 10^6}{2\,865 \times 0.836 \times 180} = 7.7 \text{ N/mm}^2$$

$$\sigma_{DL} = 7.7 \text{ N/mm}^2 \leqq \sigma_{yd} = 100 \text{ N/mm}^2$$

∴ 内部鋼材の腐食に対する耐久性は確保される．　　　　➡ H29 道橋示 II-11-6

(4) 耐荷性能の照査

1 床版への曲げモーメント（表 1・7 の作用の組合せ② D + L を選択）

M_{DL} に荷重組合せ係数 $\rho_p = 1.00$ と荷重係数 $\rho_q = 1.05$ を，M_{TL} に荷重組合せ係数 $\rho_p = 1.00$ と荷重係数 $\rho_q = 1.25$ をそれぞれに乗じて加算し，設計曲げモーメント M_d とする．

床版の死荷重曲げモーメント $M_{DL} = -3.3$ kN·m/m，活荷重曲げモーメント $M_{TL} = -36.3$ kN·m/m から，作用効果 M_d を求める．

$$\begin{aligned} M_d &= \gamma_p \cdot \gamma_q \cdot M_{DL} + \gamma_p \cdot \gamma_q \cdot M_{TL} \\ &= 1.00 \times 1.05 \times (-3.3) + 1.00 \times 1.25 \times (-36.3) \\ &= -48.8 \text{ kN·m/m} \quad （以下絶対値表示） \end{aligned}$$

2 限界状態 1 の照査

部材降伏に対する曲げモーメントの制限値 M_{yd} を式(4・9)より求め，$M_d \leqq M_{yd}$ ならば限界状態 1 を超えないことになる．

$$M_d \leqq M_{yd} = \xi_1 \cdot \Phi_y \cdot M_{yc} \qquad\qquad (4 \cdot 9) \qquad ➡ \text{H29 道橋示 III-5-5-1}$$

表 4・3 より，調査・解析係数 ξ_1，抵抗係数 Φ_y を求め，主鉄筋が降伏強度に達するときの応力度 σ_y（SD345 引張降伏応力度 345 N/mm^2）による抵抗曲げモーメント M_{yc} は，図 4・22 に示す $M_{yc} = T_s \cdot Z$ である．

表 4・3　調査・解析係数, 抵抗係数

		ξ_1	Φ_y
i)	ii) と iii) 以外の作用の組合せを考慮する場合	0.90	0.85
ii)	⑩変動作用支配状況を考慮する場合		1.00
iii)	⑪偶発作用支配状況を考慮する場合	1.00	

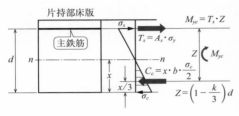

図 4・22　降伏曲げモーメント M_{yc}

$$T_s = A_s \cdot \sigma_y$$

$$Z = (1 - \frac{k}{3})d$$

■式(4・9)より部材降伏に対する曲げモーメントの制限値 M_{yd} を求める.

表 4・3 より, $\xi_1 = 0.90$, $\Phi_y = 0.85$ なので,

$$M_{yc} = T_s \cdot Z = A_s \cdot \sigma_y \cdot (1 - \frac{k}{3})d = 2\,865 \times 345 \times (1 - \frac{0.492}{3}) \times 180$$

$$= 148\,738\,194\ \text{N·mm} = 149\ \text{kN·m/m}$$

■次に M_{yd} を求める.

$$M_{yd} = \xi_1 \cdot \Phi_y \cdot M_{yc} = 0.90 \times 0.85 \times 149 = 114\ \text{kN·m/m}$$

$$M_{yd} = 114\ \text{kN·m/m} \geqq M_d = 48.8\ \text{kN·m/m}$$

∴ 限界状態 1 を超えない.

[休憩] 鉄筋の降伏強度から求めた M_{yc} によるコンクリートの圧縮応力度 σ_c が, 設計基準強度 σ_{ck} の 2/3 以下ならば, 鉄筋の降伏が先となり好ましい. 式(4・7) よりモーメントのみ M_{yc} に入れ替え, $\sigma_{ck} = 24\ \text{N/mm}^2$ の 2/3 と比較する.

$$\sigma_c = \frac{2M_{yc}}{bkjd^2} = \frac{2 \times 149 \times 10^6}{1\,000 \times 0.492 \times 0.836 \times 180^2} = 22 \text{ N/mm}^2$$

$$\sigma_{ck} = 24 \times \frac{2}{3} = 16 \text{ N/mm}^2$$

$$\sigma_c = 22 \text{ N/mm}^2 \leqq \sigma_{ck} = 16 \text{ N/mm}^2$$

∴ M_{yc} による σ_c が大きくなり，鉄筋の降伏が後になる．コンクリートは急激な破壊となり，好ましくない．鉄筋の降伏が後になった場合の対策としては鉄筋間隔や鉄筋量，σ_{ck} などの変更を試みる．ここでは変更計算は省略する．

3 限界状態 3 の照査

式（4・10）により，**部材破壊に対する曲げモーメントの制限値 M_{ud} を求め，M_d ≦ M_{ud} ならば限界状態 3 を超えないことになる．**

$$M_d \leqq M_{ud} = \xi_1 \cdot \xi_2 \cdot \Phi_u \cdot M_{uc} \tag{4・10}$$

➡ H29 道橋示 III-5-8-1

式（4・10）を用いて，限界状態 3 を超えないか照査する．

表 4・4 より，調査・解析係数 $\xi_1 = 0.90$，部材・構造係数 $\xi_2 = 0.90$，抵抗係数 $\Phi_u = 0.80$ を求める．

表 4・4　調査・解析係数，部材・構造係数，抵抗係数

		ξ_1	ξ_2	Φ_u
i)	ii) と iii) 以外の作用の組合せを考慮する場合			0.80
ii)	⑩変動作用支配状況を考慮する場合	0.90	0.90	
iii)	⑪偶発作用支配状況を考慮する場合	1.00		1.00

■図 4・23 に示すように M_{uc} がコンクリートの終局ひずみ $\varepsilon_{cu} = 0.0035$（$\sigma_{ck} \leqq 50$ N/mm^2 の場合）に達する時の引張側鋼材のひずみ ε_s を比例で求める．

■鉄筋の降伏強度 $\sigma_y = 345$ N/mm^2（SD345）に対する降伏ひずみを $\varepsilon_y = \sigma_y / E_s$ で求める．

■$\varepsilon_s > \varepsilon_y$ ならコンクリートが破壊する前に緩やかな鉄筋の降伏となる．コンクリートは終局ひずみを超えると一気に破壊する．

$$x = \frac{A_s \cdot \sigma_y}{0.85 \cdot \sigma_{ck} \cdot 0.80 \cdot b} = \frac{2\,865 \times 345}{0.85 \times 24 \times 0.80 \times 1\,000} = 60.5 \text{ mm}$$

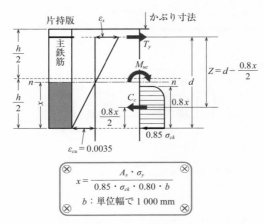

$$x = \frac{A_s \cdot \sigma_y}{0.85 \cdot \sigma_{ck} \cdot 0.80 \cdot b}$$

b：単位幅で 1 000 mm

図 4・23　破壊抵抗曲げモーメント M_{uc}

$$\varepsilon_s = \varepsilon_{cu} \cdot \frac{d-x}{x} = 0.0035 \times \frac{180-60.5}{60.5} = 0.0069$$

> コンクリートの終局ひずみ $\varepsilon_{cu} = 0.0035$ に達する時の引張側鋼材のひずみ ε_s

$$\varepsilon_y = \frac{\sigma_y}{E_s} = \frac{345}{2.0 \times 10^5} = 0.0017$$

$$\varepsilon_s = 0.0069 > \varepsilon_y = 0.0017$$

> 引張側鋼材の降伏強度 $\sigma_y = 345$ N/mm² に達した時のひずみ ε_y

　鋼材の降伏強度が小さいので先に限界ひずみが鋼材に生じ降伏し，後からゆっくりコンクリートがひび割れるので安定した好ましい動態を示す．

■ 次に M_{ud} を求める．

$$M_{uc} = A_s \cdot \sigma_y \cdot Z = A_s \cdot \sigma_y \left(d - \frac{0.8x}{2}\right) = 2\,865 \times 345 \times \left(180 - 0.8 \times \frac{60.5}{2}\right)$$

$$= 153\,996\,615 \text{ N·mm} = 154 \text{ kN·m/m}$$

$$M_{ud} = \xi_1 \cdot \xi_2 \cdot \Phi_u \cdot M_{uc} = 0.90 \times 0.90 \times 0.80 \times 154 = 99.8 \text{ kN·m/m}$$

$$M_{ud} = 99.8 \text{ kN·m/m} \geqq M_d = 48.8 \text{ kN·m/m}$$

∴ 限界状態 3 を超えない．

　以上の計算の他に中間部の照査や配力鉄筋方向の照査を同時に行うが，ここでは省略する．

第4章 プレートガーダー橋の設計

117

5 主桁に作用する力

縁の下の主役

**耳桁に作用する
曲げモーメント**

　主桁は，図 **4・24** に示すような L 荷重や死荷重を用い，示方書の基準や過去の例から算出した仮定断面に対して，作用の組合せ①〜⑫通りから想定される組合せを算出し，「**耐荷性能**」として限界状態の照査，「**耐久性能**」として疲労等の照査，「**その他の性能**」としてたわみ等の照査をそれぞれ行う．本書では表 1・7 の作用の組合せ②を用い，耳桁のみを取り上げ，耐荷性能を照査する．耐久性とその他の性能は一部のみとした．

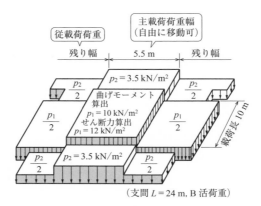

図 **4・24**　L 荷重の載荷方法

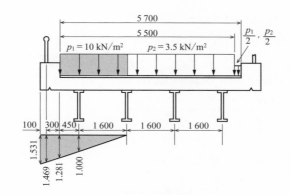

図 4・25 耳桁の影響線

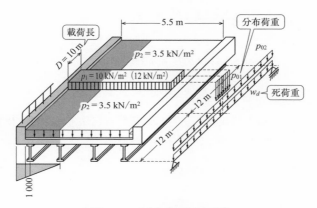

図 4・26 分布荷重を支間へ載荷

図 4・25 に示すように耳桁下に 1.000 をとった影響線を描き，活荷重下の影響線面積を乗じて，図 4・26 に示すように，耳桁に作用する活荷重の分布荷重を支間 24 m の単純ばりに最大となるよう移動載荷して，耳桁の活荷重曲げモーメント M_{TL} を求める.

■1 死荷重による曲げモーメント M_{DL}

地覆の単位重量に地覆の断面積に地覆下の影響線面積を乗じて耳桁に作用する死荷重を求める．他の部材も同様である．まずは，本書例の耳桁部の死荷重 w_d を求め，死荷重による曲げモーメント M_{DL} を求める.

舗装	$22.5 \times 0.05 \times 1.281 \times 2.050 / 2$	$= 1.48$
床版	$24.5 \times (0.220 + 0.160) / 2 \times 1.281 \times 2.050 / 2$	$= 6.11$
鋼重	$2.3 \times 1.281 \times 2.050 / 2$	$= 3.02$
地覆	$24.5 \times 0.40 \times 0.41 \times (1.531 + 1.281) / 2$	$= 5.65$
高欄	0.65×1.469	$= 0.95$

$$w_d = 17.21 \text{ kN/m}$$

支間中央の死荷重による曲げモーメント M_{DL} は，

$$M_{DL} = \frac{w_d l^2}{8} = \frac{17.21 \times 24^2}{8} = 1\,239.1 \text{ kN} \cdot \text{m}$$

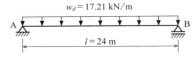

図 4・27　等分布荷重 M_{DL}

② 活荷重による曲げモーメント M_{TL}

L 荷重 p_1，p_2 を床版上に載荷し，耳桁の影響線により，**図 4・28** に示すように p_{01}，p_{02} を支間に作用させて求める．

$$p_{01} = \frac{10 \times 2.050 \times 1.281}{2} = 13.130 \text{ kN/m}$$

$$p_{02} = \frac{3.5 \times 2.050 \times 1.281}{2} = 4.596 \text{ kN/m}$$

$$M_{TL} = \frac{p_{01} D(2l - D)}{8} + \frac{p_{02} l^2}{8}$$

$$= \frac{13.130 \times 10 \times (2 \times 24 - 10)}{8} + \frac{4.596 \times 24^2}{8} = 623.68 + 330.91$$

$$= 954.6 \text{ kN} \cdot \text{m}$$

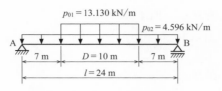

図 4・28 活荷重曲げモーメント M_{TL}

3 衝撃による曲げモーメント M_i

$$衝撃係数\ i = \frac{20}{50+l} = \frac{20}{50+24} = 0.270$$

➡ H29 道橋示 I-8-3

$$M_i = M_{TL} \cdot i = 954.6 \times 0.270 = 257.7\ \mathrm{kN \cdot m}$$

4 合計曲げモーメント M_d'（荷重係数や荷重組合せ係数を乗じていない）

$$M_d' = M_{DL} + M_{TL} + M_i = 1\ 239.1 + 954.6 + 257.7 = 2\ 451.4\ \mathrm{kN \cdot m}$$

> **耳桁に作用する せん断力**

　　　　　死荷重 w_d に対するせん断力の載荷法は**図 4・29** に示すように，支間全体に配置する．活荷重に対しては，**図 4・30** に示すように，p_{01} を支点上に移動させて載荷する．支点上に最大せん断力が生じるように配置する．

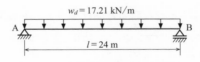

図 4・29 死荷重によるせん断力

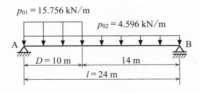

図 4・30 活荷重によるせん断力

第 4 章

プレートガーダー橋の設計

121

1 死荷重によるせん断力 S_{DL}（図 4・29）

$$S_{DL} = \frac{w_d l}{2} = \frac{17.21 \times 24}{2} = 206.5 \text{ kN}$$

2 活荷重によるせん断力 S_{LL}（表 1・15）

　L 荷重により曲げモーメントを求める時には $p_1 = 10 \text{ kN/m}^2$ であったが，せん断力では $p_1 = 12 \text{ kN/m}^2$ とするので，曲げモーメントを求めた時の p_{01} を 1.2 倍すればよい.

$$p_{01} = 13.130 \text{ kN/m} \times 1.2 = 15.756 \text{ kN/m}$$

　図 4・30 に示すように支点上に移動載荷してせん断力 S_{LL} を求める.

$$S_{LL} = \frac{p_{01}D(2l-D)}{2l} + \frac{p_{02}l}{2}$$

$$= \frac{15.756 \times 10 \times (2 \times 24 - 10)}{2 \times 24} + \frac{4.596 \times 24}{2} = 179.9 \text{ kN}$$

3 衝撃によるせん断力 S_i　（衝撃係数 i はモーメントと同様である）

$$S_i = S_{LL} \cdot i = 179.9 \times 0.270 = 48.6 \text{ kN}$$

4 合計せん断力 $S_d{}'$

$$S_d{}' = S_{DL} + S_{LL} + S_i = 206.5 + 179.9 + 48.6 = 435 \text{ kN}$$

Coffee Break　はりとせん断力と曲げモーメントの関係

◎単純ばりでは，モーメントが最大のところでせん断力は 0 となる.
◎片持ちばりでは，支点上でせん断力，モーメントとも最大となる.
◎曲げ応力度とせん断応力度では単純ばりと同じ結果となる.

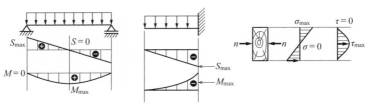

図 4・31　はりのせん断力と曲げモーメント

<table>
<tr><td>作用断面力の
算定</td><td>作用力の組合せより，荷重組合せ係数 γ_p，荷重係数 γ_q を乗じて，改めて設計曲げモーメント M_d と設計せん断力 S_d を算定する．衝撃荷重は活荷重と合計後に荷重組</td></tr>
</table>

合せ係数・荷重係数を乗じる．

① 死荷曲げモーメント作用効果 $M_{DL}{}'$

荷重組合せ係数，荷重係数を乗じてない死荷重の曲げモーメント M_{DL} は，

$$M_{DL} = 1\ 239.1\ \text{kN·m}$$

表 1・7 の作用の組合せ②の死荷重 D より，$\gamma_p = 1.00$，$\gamma_q = 1.05$

死荷重曲げモーメント作用効果 $M_{DL}{}'$ は，

$$M_{DL}{}' = \gamma_p \cdot \gamma_q \cdot M_{DL} = 1.00 \times 1.05 \times 1\ 239.1 = 1\ 301.1\ \text{kN·m}$$

② 活荷重（衝撃含む）による曲げモーメント作用効果 $M_{(TL+i)}{}'$

荷重組合係数，荷重係数を乗じてない活荷重（衝撃含む）による曲げモーメント M_{TL+i} は，

$$M_{TL+i} = M_{TL} + M_i = 954.6 + 257.7 = 1\ 212.3\ \text{kN·m}$$

表 1・7 より，$\gamma_p = 1.00$，$\gamma_q = 1.25$

活荷重曲げモーメント作用効果 $M_{(TL+i)}{}'$ は，

$$M_{(TL+i)}{}' = \gamma_p \cdot \gamma_q \cdot M_{TL+i} = 1.00 \times 1.25 \times 1\ 212.3 = 1\ 515.4\ \text{kN·m}$$

③ 合計設計曲げモーメント M_d

$$M_d = M_{DL}{}' + M_{(TL+i)}{}' = 1\ 301.1 + 1\ 515.4 = 2\ 816.5\ \text{kN·m}$$

④ 死荷重によるせん断力作用効果 $S_{DL}{}'$

係数を乗じてない死荷重のせん断力 $S_{DL} = 206.5\ \text{kN}$

表 1・7 より，$\gamma_p = 1.00$，$\gamma_q = 1.05$

死荷重せん断力作用効果 $S_{DL}{}'$ は，

$$S_{DL}{}' = \gamma_p \cdot \gamma_q \cdot S_{DL} = 1.00 \times 1.05 \times 206.5 = 216.8\ \text{kN}$$

⑤ 活荷重（衝撃含む）によるせん断力作用効果 $S_{(LL+i)}{}'$

荷重組合係数，荷重係数を乗じてない活荷重（衝撃含む）によるせん断力 $S_{(LL+i)}$ は，

$$S_{(LL+i)} = S_{LL} + S_i = 179.9 + 48.6 = 228.5\ \text{kN}$$

活荷重せん断力作用効果 $S_{(LL+i)}{}'$ は，

$$S_{(LL+i)}{}' = \gamma_p \cdot \gamma_q \cdot S_{(LL+i)} = 1.00 \times 1.25 \times 228.5 = 285.6\ \text{kN}$$

⑥ 合計設計せん断力 S_d

$$S_d = S_{DL}{}' + S_{(LL+i)}{}' = 216.8 + 285.6 = 502.4\ \text{kN}$$

6 | 主桁断面の設計

仮定から検討へ

仮定寸法は曲げモーメント
からすぐに決まる

主桁断面の仮定 ▶ 　　主桁の断面の仮定では，特に圧縮を担うフランジや腹板が座屈破壊を起こさないように配慮する．引張側については，降伏強さで断面を照査する．

　　圧縮側は自由突出板として幅厚比パラメータや座屈パラメータで照査する．主桁断面の仮定は，**図 4・32** に示す①〜⑥の流れで中央断面の仮定をする．ここでは，上下フランジ寸法は同一とする．

　　設計曲げモーメント $M_d = 2\ 816.5$ kN·m，鋼材は SM400A，$M_d = 2\ 816.5$ kN·m = 2.8165×10^9 N·mm，$\sigma_{yk} = 235$ N/mm^2 とする．

① 　　$h_1 = 1.1 \times \sqrt{\dfrac{M_d}{0.69 \cdot \sigma_{yk} \cdot t_w}} = 1.1 \times \sqrt{\dfrac{2.8165 \times 10^9}{0.69 \times 235 \times 10}} = 1\ 450$ mm

　　$h_2 = \sqrt[3]{\dfrac{480 M_d}{1.38 \cdot \sigma_{yk}}} = \sqrt[3]{\dfrac{480 \times 2.8165 \times 10^9}{1.38 \times 235}} = 1\ 609$ mm

　　$h_w = \dfrac{h_1 + h_2}{2} = 1\ 529.5$ mm 　　　　∴ $h_w = 1\ 540$ mm

②水平補剛材なし SM400A

　　$t_w = \dfrac{h_w}{\alpha} = \dfrac{1\ 540}{152} = 10.1$ mm 　　　　∴ $t_w = 11$ mm

③腹板断面積 A_w

　　$A_w = h_w \cdot t_w = 1\ 540 \times 11 = 16\ 940$ mm^2

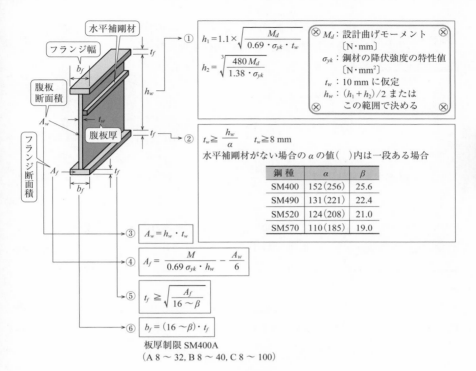

図 4・32　断面仮定

④必要フランジ断面積 A_f

$$A_f = \frac{M_d}{0.69 \cdot \sigma_{yk} \cdot h_w} - \frac{A_w}{6} = \frac{2.8165 \times 10^9}{0.69 \times 235 \times 1540} - \frac{16\,940}{6} = 8\,456 \text{ mm}^2$$

（圧縮フランジは座屈，引張りは降伏点を考慮して決めていくが，本例では同断面とする）

⑤フランジ厚 t_f（β は $16 \sim 25.6$ で $\beta = 19$ とする）

$$t_f = \sqrt{\frac{A_f}{16 \sim \beta}} = \sqrt{\frac{8\,456}{19}} = 21.1 \text{ mm} \qquad \therefore \ t_f = 22 \text{ mm}$$

SM400A の板厚制限 32 mm はすべて制限内である.

⑥フランジ幅 b_f

$$b_f = \beta \cdot t_f = 19 \times 22 = 418 \text{ mm} \qquad \therefore \ b_f = 420 \text{ mm}$$

125

鋼桁の断面諸元の計算

仮定断面は，**図4・33**に示す通りである．この断面の断面二次モーメント I_n と断面係数 W を求める．

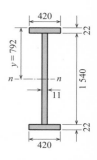

図4・33 仮定断面

中立軸の断面二次モーメント $I_n = \dfrac{BH^3 - bh^3}{12}$

$$= \frac{420 \times 1\,584^3 - 409 \times 1\,540^3}{12} = 1.46 \times 10^{10}\ \text{mm}^4$$

最縁部の断面係数 $W = \dfrac{I_n}{y} = \dfrac{1.46 \times 10^{10}}{792} = 1.84 \times 10^7\ \text{mm}^3$

応力度の照査

(1) 作用効果から曲げ圧縮応力度 σ_c, σ_t の算出

本例では引張フランジと圧縮フランジが同じサイズであるので，曲げ引張応力度 σ_t と曲げ圧縮応力度 σ_c は同じ値となる．

合計設計曲げモーメント $M_d = 2\,816.5\ \text{kN·m} = 2.8165 \times 10^9\ \text{N·mm}$ より，縁応力度である σ_c と σ_t を，断面係数 $W = 1.84 \times 10^7\ \text{mm}^3$ より求める．

$$\sigma_t = \sigma_c = \frac{M_d}{W} = \frac{2.8165 \times 10^9}{1.84 \times 10^7} = 153.1\ \text{N/mm}^2$$

(2) 圧縮フランジの照査

軸方向圧縮力を受ける自由突出板の局部座屈と曲げ圧縮力を受ける部材としての横倒れ座屈の二点の座屈に着目して照査をする．

1 軸方向圧縮力を受ける自由突出板の照査

図4・34の圧縮フランジにおける自由突出板幅 b と板厚 t から幅厚比パラメータを求め，式(2・9)を用いて局部座屈に対する圧縮応力度の制限値 $\sigma_{crld} = \xi_1 \cdot \xi_2 \cdot \Phi_U \cdot \rho_{crl} \cdot \sigma_{yk}$ より $\sigma_{crld} \geqq \sigma_c$ の関係が成立すれば限界状態3を超えない，同時に限界状態1を超えない．

■ 限界状態3に対する照査　　　　　　　➡ H29道橋示 II-5-3-2，H29道橋示 II-5-4-2

$\sigma_{crld} = \xi_1 \cdot \xi_2 \cdot \Phi_U \cdot \rho_{crl} \cdot \sigma_{yk}$

$= 0.90 \times 1.00 \times 0.85 \times 1.00 \times 235 = 179\ \text{N/mm}^2$

$\sigma_{crld} = 179\ \text{N/mm}^2 \geqq \sigma_c = 153.1\ \text{N/mm}^2$

∴ 限界状態3，限界状態1を超えない．

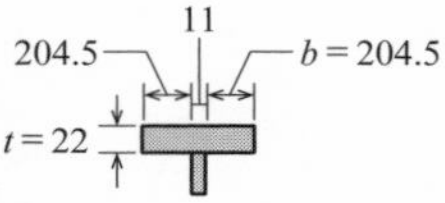

図 4・34 圧縮フランジの
自由突出幅

ξ_1：調査・解析係数 = 0.90 ⎫
ξ_2：部材・構造係数 = 1.00 ⎬ ➡表2・5参照
Φ_U：抵抗係数 = 0.85 ⎭
σ_{yk}：鋼材の降伏強度の特性値 = 235 N/mm² （SM400A） ➡表1・3参照
E：鋼材のヤング係数 = 2.0×10^5 N/mm²
k：座屈係数 = 0.43（自由突出板）
μ：ポアソン比 = 0.3
R：幅厚比パラメータ

式(2・6)より，

$$R = \frac{b}{t} \cdot \sqrt{\frac{\sigma_{yk}}{E} \cdot \frac{12(1-\mu^2)}{\pi^2 \cdot k}}$$

$$= \frac{204.5}{22} \times \sqrt{\frac{235}{2.0 \times 10^5} \times \frac{12(1-0.3^2)}{\pi^2 \times 0.43}}$$

$$= 0.51 \leqq 0.7$$

R：幅厚比パラメータ

式(2・10)より，$\rho_{crl} = 1.00$

2 曲げモーメントを受ける圧縮部材 ➡ H29 道橋示 II-5-3-6，H29 道橋示 II-5-4-6

■ フランジの横倒れ座屈の安全性の照査

フランジ幅 b と対傾構等により，固定間隔 l でフランジが固定されている場合，l / b の比率から，表 2・7 に示すように鋼種別に比率の限度が定められている．鋼種 SM400A では固定間距離 l と圧縮フランジ幅 b との比率は最大値 30 までと道橋示で定められている．

$l / b = 3\,000 / 420 = 7.1 \leqq 30$

∴ フランジの横倒れ座屈に対して安全である．

■ 曲げモーメントを受ける圧縮部材の限界状態 3 に対する照査

式(2・20)より $\sigma_{cud} = \xi_1 \cdot \xi_2 \cdot \Phi_U \cdot \rho_{brg} \cdot \sigma_{yk} \geqq \sigma_c$ の成立で限界状態 3 および限界状態 1 を超えない．

腹板総断面積 A_w と圧縮フランジ総断面積 A_c の比

① $\dfrac{A_w}{A_c} = \dfrac{11 \times 1\,540}{420 \times 22} = 1.83$

② $\dfrac{A_w}{A_c} \leqq 2$ のとき $K = 2$ ◁─ 座屈パラメータ α へ

$\dfrac{A_w}{A_c} > 2$ のとき $K = \sqrt{3 + \dfrac{A_w}{2A_c}}$

➡式(2・8)参照

式(2・7)より,

③ $\alpha = \dfrac{2}{\pi} \cdot K \sqrt{\dfrac{\sigma_{yk}}{E}} \cdot \dfrac{l}{b} = \dfrac{2}{\pi} \times 2 \times \sqrt{\dfrac{235}{2.0 \times 10^5}} \times \dfrac{3\,000}{420} = 0.31$

②より ── K
対傾溝 ── l
フランジ幅 ── b

式(2・21)より,

④ $\alpha > 0.2$ のとき $\rho_{brg} = 1.0 - 0.412(\alpha - 0.2)$

$= 1.0 - 0.412(0.31 - 0.2) = 0.95$

表2・8, 表1・3より,

⑤ $\xi_1 = 0.90,\ \ \xi_2 = 1.00,\ \ \Phi_U = 0.85,\ \ \sigma_{yk} = 235\ \text{N/mm}$

式(2・20)より,

$\sigma_{cud} = \xi_1 \cdot \xi_2 \cdot \Phi_U \cdot \rho_{brg} \cdot \sigma_{yk}$

$= 0.90 \times 1.00 \times 0.85 \times 0.95 \times 235 = 170.7\ \text{N/mm}^2$

$\sigma_{cud} = 170.7\ \text{N/mm}^2 \geqq \sigma_c = 153.1\ \text{N/mm}^2$

∴ 限界状態 3, 限界状態 1 は超えない.

> ρ_{brg} の値は,圧縮フランジがコンクリート床版で固定されている合成桁や箱形断面・π 形断面では横座屈しないので,$\rho_{brg} = 1.00$ としてよい.本例は合成を目的としないスラブ止めを用いた非合成なので $\rho_{brg} = 0.95$ とした.

(3) 引張フランジの照査（降伏応力の照査が主となる）

■ 軸方向引張力を受ける部材

軸方向引張力を受ける部材として,式(2・3)成立で限界状態 1 を超えない.

$$\sigma_{tyd} = \xi_1 \cdot \Phi_{yt} \cdot \sigma_{yk} \geqq \sigma_t$$

$$\sigma_{tyd} = \xi_1 \cdot \Phi_{yt} \cdot \sigma_{yk}$$

$$= 0.90 \times 0.85 \times 235$$

$$= 179 \ \text{N/mm}^2$$

$$\sigma_{tyd} = 179 \ \text{N/mm}^2 \geqq \sigma_t = 153.1 \ \text{N/mm}^2$$

∴　限界状態 1 を超えない.

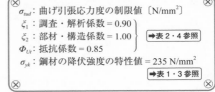

σ_{tyd}：軸方向引張応力度の制限値〔N/mm^2〕
ξ_1：調査・解析係数 = 0.90
Φ_{yt}：抵抗係数 = 0.85 ⟩ ➡表 2・3 参照
σ_{yk}：鋼材の降伏強度の特性値 = 235 N/mm^2
➡表 1・3 参照

➡ H29 道橋示 II-5-3-5

2 曲げモーメントを受ける部材

➡ H29 道橋示 II-5-3-6, H29 道橋示 II-5-4-6

式 (2・4) が成立により限界状態 3 を超えない.

$$\sigma_{tud} = \xi_1 \cdot \xi_2 \cdot \Phi_{Ut} \cdot \sigma_{yk} \geqq \sigma_t$$

$$\sigma_{tud} = \xi_1 \cdot \xi_2 \cdot \Phi_{Ut} \cdot \sigma_{yk}$$

$$= 0.90 \times 1.00 \times 0.85 \times 235$$

$$= 179 \ \text{N/mm}^2$$

$$\sigma_{tud} = 179 \ \text{N/mm}^2 \geqq \sigma_t = 153.1 \ \text{N/mm}^2$$

∴　限界状態 3 を超えない.

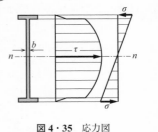

σ_{tud}：曲げ引張応力度の制限値〔N/mm^2〕
ξ_1：調査・解析係数 = 0.90
ξ_2：部材・構造係数 = 1.00 ⟩ ➡表 2・4 参照
Φ_{Ut}：抵抗係数 = 0.85
σ_{yk}：鋼材の降伏強度の特性値 = 235 N/mm^2
➡表 1・3 参照

Coffee Break　曲げ応力度とせん断応力度

　プレートガーダーのフランジと腹板の役目は分かれている. それぞれの応力の分布は**図 4・35** のようである. すなわち, フランジは曲げモーメントに抵抗し, 腹板はせん断力に抵抗する.

曲げ応力度 $\sigma = \dfrac{M}{W}$

せん断応力度 $\tau = \dfrac{SQ}{Ib}$　(p.139 参照)

図 4・35　応力図

---

(4) 腹板の照査

　腹板が受けるせん断力 S は, 図 4・35 の応力図のように, フランジも多少分担しているが, すべて腹板で抵抗すると考える. せん断応力度の応答値 τ_b は, **式 (4・11)** に示すように支点上に生じる設計せん断力 S_d を腹板断面積 A_w で除して求め, 式 (2・23) のせん断応力度の制限値 τ_{ud} を超えなければ限界状態 3 を超えない, また, 限界状態 1 も超えない.

$$\tau_b = \frac{S_d}{A_w} \geqq \tau_{ud} \qquad (4 \cdot 11)$$

$$\tau_{ud} = \xi_1 \cdot \xi_2 \cdot \Phi_{Us} \cdot \tau_{yk}$$

　本設計例の腹板のせん断応力度の照査をする．ただし，設計せん断力 $S_d =$ 502.4 kN，腹板断面積 $A_w = 11 \times 1\,540 = 16\,940$ mm^2 である．

■ せん断応力度の応答値 τ_b を式$(4 \cdot 11)$より求める．

$$\tau_b = \frac{S_d}{A_w} = \frac{5.024 \times 10^5}{16\,940} = 29.7 \text{ N/mm}^2$$

■ 部材のせん断応力度の制限値 τ_{ud} を
式$(2 \cdot 23)$より求める．

$$\tau_{ud} = \xi_1 \cdot \xi_2 \cdot \Phi_{Us} \cdot \tau_{yk} \geqq \tau_b$$

$$\tau_{ud} = \xi_1 \cdot \xi_2 \cdot \Phi_{Us} \cdot \tau_{yk}$$

$$= 0.90 \times 1.00 \times 0.85 \times 135$$

$$= 103 \text{ N/mm}^2$$

$$\tau_{ud} = 103 \text{ N/mm}^2 \geqq \tau_b = 29.7 \text{ N/mm}^2$$

$\therefore$ 限界状態 3，限界状態 1 を超えない．

> τ_{ud}：せん断応力度の制限値〔N/mm^2〕
> ξ_1：調査・解析係数 = 0.90
> ξ_2：部材・構造係数 = 1.00　➡表2・9参照
> Φ_{Us}：抵抗係数 = 0.85
> τ_{yk}：鋼材のせん断降伏強度の特性値
> 　➡表3・1参照
> 溶接部の強度の特性値より
> SM400A ➡ 135 N/mm^2

➡ H29 道橋示 II-5-4-7

（5）腹板とフランジの溶接部に作用するせん断応力度 τ

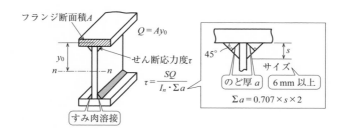

図 4・36　フランジすみ肉溶接

　図 4・36 に示すように，**腹板とフランジの溶接部**に作用するせん断応力度の応答値 τ は，**式(4・12)** により求められる．

$$\tau = \frac{S_d Q}{I_n \Sigma a} \qquad (4 \cdot 12)$$

> S_d：設計せん断力〔N〕
> Q：断面一次モーメント〔mm^3〕
> I_n：断面二次モーメント〔mm^4〕
> Σa：のど厚総長〔mm〕

また，式(3・6)よりせん断応力度の制限値 τ_{ud} を求め，応答値 τ がこの値を超えなければ，限界状態3を超えない．また限界状態1も超えない．

$$\tau_{ud} = \xi_1 \cdot \xi_2 \cdot \Phi_{Mmn} \cdot \tau_{yk}$$

図4・37に示す断面の腹板とフランジの溶接部に作用するせん断応力度 τ を式(4・12)を用いて求める．また，式(3・11)を用いて溶接部の照査をする．

設計せん断力 $S_d = 502.4$ kN，鋼材はSM400A，式(4・12)より，

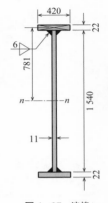

図4・37 溶接

1 設計せん断力 S_d

$$S_d = 502.4 \text{ kN} = 5.024 \times 10^5 \text{ N}$$

2 中立軸に対するフランジ断面の断面一次モーメント

$$Q = 420 \times 22 \times 781 = 7.22 \times 10^6 \text{ mm}^3$$

3 中立軸に対する断面二次モーメント I_n

$$I_n = 1.46 \times 10^{10} \text{ mm}^4$$

4 のど厚総長 Σa

$$\Sigma a = 0.707 \times 6 \times 2 = 8.484 \text{ mm}$$

式(4・12)より，

$$\tau = \frac{S_d Q}{I_n \Sigma a} = \frac{5.024 \times 10^5 \times 7.22 \times 10^6}{1.46 \times 10^{10} \times 8.484} = 29.3 \text{ N/mm}^2$$

5 溶接部のせん断応力度の制限値 τ_{ud}

τ_{ud} は，式(3・6)で求める．

軸方向力またはせん断力を受ける溶接継手の照査より，

→ H29 道橋示 II-9-4-1

$$\begin{aligned}
\tau_{ud} &= \xi_1 \cdot \xi_2 \cdot \Phi_{Mmn} \cdot \tau_{yk} \\
&= 0.90 \times 1.00 \times 0.85 \times 135 \\
&= 103 \text{ N/mm}^2
\end{aligned}$$

$$\tau_{ud} = 103 \text{ N/mm}^2 \geqq \tau = 29.3 \text{ N/mm}^2$$

∴ 限界状態3を超えない．また限界
状態1も超えない．

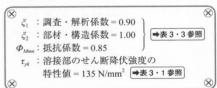

ξ_1 ：調査・解析係数 = 0.90
ξ_2 ：部材・構造係数 = 1.00 　→表3・3参照
Φ_{Mmn}：抵抗係数 = 0.85
τ_{yk} ：溶接部のせん断降伏強度の
　　　特性値 = 135 N/mm² →表3・1参照

7 主桁断面の変化

角は丸く

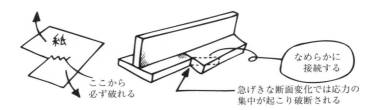

ここから
必ず破れる

急げきな断面変化では応力の
集中が起こり破断される

なめらかに
接続する

**断面変化は
なぜ行うのか**

単純ばりの支点上では，曲げモーメントがほとんど生じない．すなわち，支点上に近づくに従って，中央部と同じ断面を用いると自重増加も含め不経済となる．そこで**図4・38**のように，せん断力に抵抗するところの腹板は断面変化させず，曲げモーメントに抵抗している．つまりフランジ断面積を変化させて対応する．断面変化位置での設計曲げモーメントは，中央設計曲げモーメントM_dにより，二次の比例で求める．変化点の曲げモーメントは**図4・39**から，**式（4・13）**にて求められる．変化点位置は概略設計ですでに決定している．

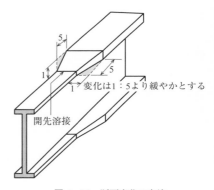

5
1
5
1 変化は1：5より緩やかとする

開先溶接

図4・38　断面変化の方法

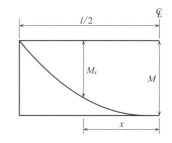

$l/2$

M_x

M

x

図4・39　二次の比例

$$\frac{(l/2)^2}{M} = \frac{x^2}{M - M_x}$$

$$M_x = M - \frac{M \cdot x^2}{(l/2)^2} = M\left\{1 - \frac{x^2}{(l/2)^2}\right\} \qquad (4 \cdot 13)$$

断面変化点の
曲げモーメント

　概略設計で定めた断面変化位置の曲げモーメントを求める．断面変化位置は支間中央より，$x_1 = 4.80$ m，$x_2 = 7.85$ m である．また，中央設計曲げモーメント $M_d = 2.8188 \times 10^9$ N・mm を式（4・13）の M に代入する．

$$M_{4.80} = 2.8165 \times 10^9 \left\{ 1 - \frac{4.80^2}{(24/2)^2} \right\} = 2.37 \times 10^9 \text{ N・mm}$$

$$M_{7.85} = 2.8165 \times 10^9 \left\{ 1 - \frac{7.85^2}{(24/2)^2} \right\} = 1.61 \times 10^9 \text{ N・mm}$$

　概略設計で定めた各断面変化点の断面を決め，
耐荷性能を照査する．

（1）$M_{4.80} = 2.37 \times 10^9$ N・mm の断面

1 腹板高さ h_w

　　$h_w = 1\,540$ mm （中央断面と同じ）

2 腹板厚 t_w

　　$t_w = 11$ mm （中央断面と同じ）

3 腹板断面積 A_w

　　$A_w = 1\,540 \times 11 = 16\,940$ mm^2 （中央断面と
　　同じ）

4 必要フランジ断面積 A_f

$$A_f = \frac{M}{0.69\sigma_{yk} \cdot h_w} - \frac{A_w}{6}$$

$$= \frac{2.37 \times 10^9}{0.69 \times 235 \times 1\,540} - \frac{16\,940}{6}$$

$$= 6\,668 \text{ mm}^2$$

5 フランジ厚 t_f

$$t_f = \sqrt{\frac{A_f}{16 \sim \beta}} = \sqrt{\frac{6\,668}{17}} = 20 \text{ mm}$$

6 フランジ幅 b_f

　　$b_f = \beta \cdot t_f = 17 \times 20 = 340$ mm

7 $M_{4.80}$ に対する曲げ応力度 σ_c，σ_t の算出

　図4・40より，

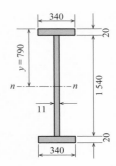

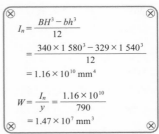

$$I_n = \frac{BH^3 - bh^3}{12}$$

$$= \frac{340 \times 1\,580^3 - 329 \times 1\,540^3}{12}$$

$$= 1.16 \times 10^{10} \text{ mm}^4$$

$$W = \frac{I_n}{y} = \frac{1.16 \times 10^{10}}{790}$$

$$= 1.47 \times 10^7 \text{ mm}^3$$

図4・40 断面変化 $M_{4.80}$

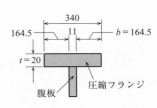

図4・41 自由突出幅

$$\sigma_t = \sigma_c = \frac{M}{W} = \frac{2.37 \times 10^9}{1.47 \times 10^7} = 161 \text{ N/mm}^2$$

⑧ 圧縮力を受ける自由突出板

限界状態 3 に対する照査は，中央断面の幅厚比パラメータと同様に計算する．**局部座屈に対する圧縮応力度の特性値の補正値** ρ_{crl} は，式 (2・10)，式 (2・6) により**座屈に対する圧縮応力度の制限値** σ_{crld} を求め，$\sigma_{crld} \geqq \sigma_c$ を確認する．

$$R = \frac{b}{t} \cdot \sqrt{\frac{\sigma_{yk}}{E} \cdot \frac{12(1-\mu^2)}{\pi^2 \cdot k}} = \frac{164.5}{20} \times \sqrt{\frac{235}{2.0 \times 10^5} \times \frac{12(1-0.3^2)}{\pi^2 \times 0.43}}$$

$$= 0.45 \leqq 0.7 \quad (R : 限界幅厚比)$$

式 (2・10) より，$\rho_{crl} = 1.00$　　　　　　　　　　→ **H29 道橋示 II-5-4-2**

$$\sigma_{crld} = \xi_1 \cdot \xi_2 \cdot \varPhi_U \cdot \rho_{crl} \cdot \sigma_{yk} \geqq \sigma_c$$

$$\sigma_{crld} = \xi_1 \cdot \xi_2 \cdot \varPhi_U \cdot \rho_{crl} \cdot \sigma_{yk}$$

$$= 0.90 \times 1.00 \times 0.85 \times 1.00 \times 235$$

$$= 179 \text{ N/mm}^2$$

$$\sigma_{crld} = 179 \text{ N/mm}^2 \geqq \sigma_c = 161 \text{ N/mm}^2$$

> ξ_1：調査・解析係数 = 0.90 ⎫
> ξ_2：部材・構造係数 = 1.00 ⎬ → **表 2・5 参照**
> $\varPhi_U$：抵抗係数 = 0.85 ⎭
> σ_{yk}：鋼材の降伏強度の特性値 = 235 N/mm²
> → **表 1・3 参照**

∴ 限界状態 3，限界状態 1 は超えない．

⑨ 曲げモーメントを受ける圧縮部材

限界状態 3 に対する照査は，式 (2・7) より，中央断面の座屈パラメータ α を計算し，桁の横倒れ座屈に対する制限値を確認する．まずは，式 (2・8) より，腹板総断面積 $A_w = 16\,940 \text{ mm}^2$，圧縮フランジ総断面積 $A_c = 6\,800 \text{ mm}^2$ の比率から K を求める．K を代入した座屈パラメータ α から，曲げ圧縮による横倒れ座屈に対する圧縮応力度の特性値の補正係数 ρ_{brg} を式 (2・21) で算出する．　→ **H29 道橋示 II-5-4-6**

$$\frac{A_w}{A_c} = \frac{16\,940}{6\,800} = 2.5 > 2 \text{ より，} \quad K = \sqrt{3 + \frac{A_w}{2A_c}} = \sqrt{3 + \frac{16\,940}{2 \times 6\,800}} = 2.06$$

$$座屈パラメータ \ \alpha = \frac{2}{\pi} \cdot K \sqrt{\frac{\sigma_{yk}}{E}} \cdot \frac{1}{b} = \frac{2}{\pi} \times 2.06 \times \sqrt{\frac{235}{2.0 \times 10^5}} \times \frac{3\,000}{340} = 0.40 > 0.2$$

$$\therefore \ \rho_{brg} = 1.0 - 0.412(\alpha - 0.2) = 1.0 - 0.412(0.40 - 0.2) = 0.92$$

> ρ_{brg} の値は，圧縮フランジがコンクリート床版で固定されている場合や，箱形断面や π 形断面では横座屈しない．$\rho_{brg} = 1.00$ とする．本例は非合成のため，$\rho_{brg} = 0.92$ とした．

$$\sigma_{cud} = \xi_1 \cdot \xi_2 \cdot \Phi_U \cdot \rho_{brg} \cdot \sigma_{yk} \geqq \sigma_c$$

→ H29 道橋示 II-5-4-6

$$\sigma_{cud} = \xi_1 \cdot \xi_2 \cdot \Phi_U \cdot \rho_{brg} \cdot \sigma_{yk}$$
$$= 0.90 \times 1.00 \times 0.85 \times 0.92 \times 235$$
$$= 165 \ \text{N/mm}^2$$

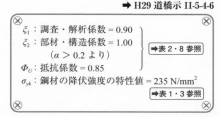

ξ_1 : 調査・解析係数 = 0.90
ξ_2 : 部材・構造係数 = 1.00
　　　($\alpha > 0.2$ より)
Φ_U : 抵抗係数 = 0.85
➡表 2・8 参照

σ_{yk} : 鋼材の降伏強度の特性値 = 235 N/mm²
➡表 1・3 参照

$$\sigma_{cud} = 165 \ \text{N/mm}^2 \geqq \sigma_c = 161 \ \text{N/mm}^2$$

∴ 限界状態 3，限界状態 1 は超えない．

🔟 引張フランジの照査（降伏応力の照査が主となる）

軸方向引張力を受ける部材として，式(2・3)の成立で限界状態 1 を超えない．

$$\sigma_{tyd} = \xi_1 \cdot \Phi_{yt} \cdot \sigma_{yk} \geqq \sigma_t$$

$$\sigma_{tyd} = \xi_1 \cdot \Phi_{yt} \cdot \sigma_{yk}$$
$$= 0.90 \times 0.85 \times 235$$
$$= 179 \ \text{N/mm}^2$$

σ_{tyd} : 軸方向引張応力度の制限値〔N/mm²〕
ξ_1 : 調査・解析係数 = 0.90
Φ_{yt} : 抵抗係数 = 0.85
➡表 2・3 参照

σ_{yk} : 鋼材の降伏強度の特性値 = 235 N/mm²
➡表 1・3 参照

$$\sigma_{tyd} = 179 \ \text{N/mm}^2 \geqq \sigma_t = 161 \ \text{N/mm}^2$$

∴ 限界状態 1 を超えない．

→ H29 道橋示 II-5-3-5

🔟🔟 曲げモーメントを受ける引張部材

→ H29 道橋示 II-5-3-6，H29 道橋示 II-5-4-6

式(2・19)が成立する場合，限界状態 3 を超えていない．

$$\sigma_{tud} = \xi_1 \cdot \xi_2 \cdot \Phi_{Ut} \cdot \sigma_{yk} \geqq \sigma_t$$

$$\sigma_{tud} = \xi_1 \cdot \xi_2 \cdot \Phi_{Ut} \cdot \sigma_{yk}$$
$$= 0.90 \times 1.00 \times 0.85 \times 235$$
$$= 179 \ \text{N/mm}^2$$

σ_{tud} : 曲げ引張応力度の制限値〔N/mm²〕
ξ_1 : 調査・解析係数 = 0.90
ξ_2 : 部材・構造係数 = 1.00
➡表 2・4 参照

Φ_{Ut} : 抵抗係数 = 0.85
σ_{yk} : 鋼材の降伏強度の特性値 = 235 N/mm²
➡表 1・3 参照

$$\sigma_{tud} = 179 \ \text{N/mm}^2 \geqq \sigma_t = 161 \ \text{N/mm}^2$$

∴ 限界状態 3 を超えない．

(2) $M_{7.85} = 1.61 \times 10^9 \ \text{N·mm}$ の断面

1 腹板高さ h_w

$$h_w = 1\ 540 \ \text{mm}\ （中央断面と同じ）$$

2 腹板厚 t_w

$$t_w = 11 \ \text{mm}\ （中央断面と同じ）$$

3 腹板断面積 A_w

$$A_w = 1\ 540 \times 11 = 16\ 940 \ \text{mm}^2\ （中央断面と同じ）$$

第4章 プレートガーダー橋の設計

4 必要フランジ断面積 A_f

$$A_f = \frac{M}{0.69\sigma_{yk}h_w} - \frac{A_w}{6} = \frac{1.61\times10^9}{0.69\times235\times1\,540} - \frac{16\,940}{6} = 3\,624 \text{ mm}^2$$

5 フランジ厚 t_f

$$t_f = \sqrt{\frac{A_f}{16\sim\beta}} = \sqrt{\frac{3\,624}{17}} = 15 \text{ mm}$$

6 フランジ幅 b_f

$$b_f = \beta \cdot t_f = 17 \times 15 = 255 \text{ mm}$$

一般にフランジの幅は，最小幅 210 mm，$h_w =$ 1 540 mm の 1/5 以上が好ましいので，ここでは $b_f = 300$ mm とする．

7 $M_{7.85}$ に対する曲げ応力度 σ_c, σ_t の算出

図 4・42 より，

$$\sigma_t = \sigma_c = \frac{M}{W} = \frac{1.61\times10^9}{1.12\times10^7} = 144 \text{ N/mm}^2$$

8 圧縮を受ける自由突出板

限界状態 3 に対する照査は，幅厚比パラメータを求め，同様に照査する．

$$R = \frac{b}{t} \cdot \sqrt{\frac{\sigma_{yk}}{E} \cdot \frac{12(1-\mu^2)}{\pi^2 \cdot k}}$$

$$= \frac{144.5}{15} \times \sqrt{\frac{235}{2.0\times10^5} \times \frac{12(1-0.3^2)}{\pi^2 \times 0.43}}$$

$$= 0.53 \leqq 0.7 \quad \text{（限界幅厚比）}$$

式 (2・10) より，$R \leqq 0.7$　∴ $\rho_{crl} = 1.00$

$$\sigma_{crld} = \xi_1 \cdot \xi_2 \cdot \Phi_U \cdot \rho_{crl} \cdot \sigma_{yk} \geqq \sigma_c$$

$$\sigma_{crld} = \xi_1 \cdot \xi_2 \cdot \Phi_U \cdot \rho_{crl} \cdot \sigma_{yk}$$

$$= 0.90 \times 1.00 \times 0.85 \times 1.00 \times 235$$

$$= 179 \text{ N/mm}^2$$

$$\sigma_{crld} = 179 \text{ N/mm}^2 \geqq \sigma_c = 144 \text{ N/mm}^2$$

∴ 限界状態 3，限界状態 1 は超えない．

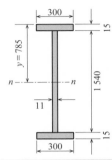

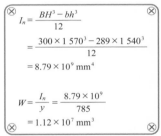

$$I_n = \frac{BH^3 - bh^3}{12}$$

$$= \frac{300\times1\,570^3 - 289\times1\,540^3}{12}$$

$$= 8.79 \times 10^9 \text{ mm}^4$$

$$W = \frac{I_n}{y} = \frac{8.79\times10^9}{785}$$

$$= 1.12 \times 10^7 \text{ mm}^3$$

図 4・42　断面変化 $M_{7.85}$

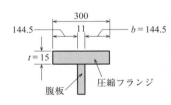

図 4・43　幅厚 b, t

ξ_1：調査・解析係数 = 0.90
ξ_2：部材・構造係数 = 1.00
Φ_U：抵抗係数 = 0.85

➡表 2・5 参照

σ_{yk}：鋼材の降伏強度の特性値 = 235 N/mm^2

➡表 1・3 参照

⑨ 曲げモーメントを受ける圧縮部材

限界状態 3 に対する照査は，座屈パラメータ α から同様に求め，照査する．

$$\frac{A_w}{A_c} = \frac{16\,940}{4\,500} = 3.7 > 2 \text{ であるので,}$$

$$K = \sqrt{3 + \frac{A_w}{2A_c}} = \sqrt{3 + \frac{16\,940}{2 \times 4\,500}} = 2.2$$

$$\alpha = \frac{2}{\pi} \cdot K \sqrt{\frac{\sigma_{yk}}{E}} \cdot \frac{l}{b} = \frac{2}{\pi} \times 2.2 \times \sqrt{\frac{235}{2.0 \times 10^5}} \times \frac{3\,000}{255} = 0.57 > 0.2$$

式 (2・21) より，

$$\rho_{brg} = 1.0 - 0.412\,(\alpha - 0.2) = 1.0 - 0.412\,(0.57 - 0.2) = 0.85$$

$$\sigma_{cud} = \xi_1 \cdot \xi_2 \cdot \Phi_U \cdot \rho_{brg} \cdot \sigma_{yk} \geqq \sigma_c \qquad \text{➡ H29 道橋示 II-5-4-6}$$

$$\sigma_{cud} = \xi_1 \cdot \xi_2 \cdot \Phi_U \cdot \rho_{brg} \cdot \sigma_{yk}$$
$$= 0.90 \times 1.00 \times 0.85 \times 0.85 \times 235$$
$$= 153 \text{ N/mm}^2$$

$$\sigma_{cud} = 153 \text{ N/mm}^2 \geqq \sigma_c = 144 \text{ N/mm}^2$$

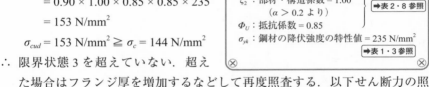

∴ 限界状態 3 を超えていない．超え

た場合はフランジ厚を増加するなどして再度照査する．以下せん断力の照

査も行う必要があるが，ここでは省略する．

⑩ 引張フランジの照査 （降伏応力の照査が主となる）

■ 軸方向引張力を受ける部材

式 (2・3) の成立で限界状態 1 超えない．

$$\sigma_{tyd} = \xi_1 \cdot \Phi_{yt} \cdot \sigma_{yk} \geqq \sigma_t$$

$$\sigma_{tyd} = \xi_1 \cdot \Phi_{yt} \cdot \sigma_{yk}$$
$$= 0.90 \times 0.85 \times 235$$
$$= 179 \text{ N/mm}^2$$

$$\sigma_{tyd} = 179 \text{ N/mm}^2 \geqq \sigma_t = 144 \text{ N/mm}^2$$

∴ 限界状態 1 を超えない．   ➡ H29 道橋示 II-5-3-5

■ 曲げモーメントを受ける引張部材   ➡ H29 道橋示 II-5-3-6, H29 道橋示 II-5-4-6

式 (2・19) が成立するとき，限界状態 3 を超えない．

$$\sigma_{tud} = \xi_1 \cdot \xi_2 \cdot \Phi_{Ut} \cdot \sigma_{yk} \geqq \sigma_t$$

第 4 章 プレートガーダー橋の設計

$$\sigma_{tud} = \xi_1 \cdot \xi_2 \cdot \Phi_{Ut} \cdot \sigma_{yk}$$

$$= 0.90 \times 1.00 \times 0.85 \times 235$$

$$= 179 \ \text{N/mm}^2$$

$$\sigma_{tud} = 179 \ \text{N/mm}^2 \geqq \sigma_t = 144 \ \text{N/mm}^2$$

∴ 限界状態 3 を超えない．なお，限
界状態を超えた場合は，フランジ

> σ_{tud}：曲げ引張応力度の制限値〔N/mm²〕
> ξ_1：調査・解析係数 = 0.90
> ξ_2：部材・構造係数 = 1.00　➡表2・4参照
> Φ_{Ut}：抵抗係数 = 0.85
> σ_{yk}：鋼材の降伏強度の特性値 = 235 N/mm²　➡表1・3参照

厚を増加するなどして再照査をする．本来ならば，荷重組合せを変えた設
計曲げモーメントや設計せん断力から照査を行う必要があるが，本書では
省略している．

主桁の抵抗モーメント図　各断面が持っている曲げモーメントに抵抗する力は，
式(**4・14**)に示すように，曲げ応力度の制限値 σ_{cud} にその断面の最外縁の断面係数 W を乗じて求められる．この値を抵抗モーメントという．**図4・44** のように図化し，設計曲げモーメントも併記して，設計の手助けとする．

抵抗曲げモーメント $M_r = \sigma_{cud} \cdot W$ (4・14)

中央断面と断面変化 $x = 4.8 \ \text{m}$, $x = 7.85 \ \text{m}$ の抵抗モーメントを計算し，モーメント図を描く．式(4・14)の各断面における抵抗モーメントと設計モーメントは次の通りである．

$M_r \quad = 170.7 \times 1.84 \times 10^7 = 3\ 140.9 \ \text{kN·m} \quad (M = 2\ 816.5 \ \text{kN·m})$

$M_{r4.8} \quad = 165 \times 1.47 \times 10^7 = 2\ 425.5 \ \text{kN·m} \quad (M_{4.8} = 2\ 370.0 \ \text{kN·m})$

$M_{r7.85} = 158 \times 1.12 \times 10^7 = 1\ 769.6 \ \text{kN·m} \quad (M_{7.85} = 1\ 610.0 \ \text{kN·m})$

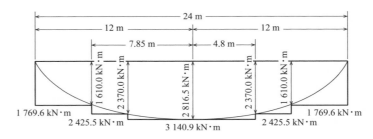

図4・44　抵抗モーメント M_r

Coffee Break はりのせん断応力度の一般式

　はりに生じるせん断応力度は，図**4・45**のように微小な幅 dx，けた幅 b とすると，面積 $dx \cdot b$ で，作用する曲げ応力の差 $(T'-T)$ を除して求めることができる（図**4・46**）.

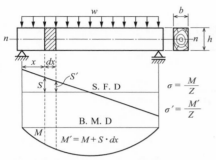

ある点の曲げモーメントは，その点までのせん断力図の面積で求まる.

図**4・45**　曲げ応力度の差がせん断応力度

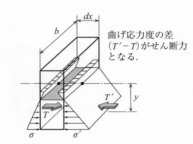

図**4・46**　中立軸に作用するせん断応力度

　いま，中立軸 n に作用するせん断応力度 τ を求める（図**4・47**）.

$$T = \frac{1}{2} \times \sigma \times y \times b \qquad \left(\sigma = \frac{M}{I} \times y\right)$$

$$= \frac{M}{I} \times \frac{y}{2} \times y \times b = \frac{M}{I} \times Q$$

$$T' = \frac{1}{2} \times \sigma' \times y \times b \qquad \left(\sigma' = \frac{M'}{I} \times y\right)$$

$$= \frac{M'}{I} \times Q$$

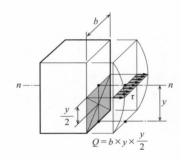

$$Q = b \times y \times \frac{y}{2}$$

図**4・47**

$$\therefore \quad \tau = \frac{T'-T}{dxb} = \frac{M'/I \times Q - M/I \times Q}{dx \times b} = \frac{(M'/I - M/I) \times Q}{dx \times b}$$

$$= \frac{(M + S \times dx - M) \times Q}{Idxb} = \frac{SdxQ}{Idxb} = \frac{SQ}{Ib}$$

> Q：求めるせん断応力度の位置を基準に，中立軸と反対側の断面に対する中立軸に関する断面一次モーメント
> S：せん断力
> I：中立軸に関する断面二次モーメント
> b：はりの幅

第4章　プレートガーダー橋の設計

8 主桁の連結

大荷物も小荷物の集まり

重い!!
多すぎた

主桁の連結

　　主桁を現場搬入する場合には，工場で分割製作し，架設時にボルトや溶接により接合する．このことを連結と呼んでいる．一般に連結は，高力ボルトによる摩擦接合が用いられる．この接合では，母材の応力度分布をもとに，設計力 P を求めボルト本数を算出する．

　プレートガーダーでは，**図 4・48** に示すように応力分布が一定のフランジの接合と，**図 4・49** に示すように，応力分布が変化する腹板の接合がある．いずれの場合も**母材が持っている力（全強）の 75% 以上の強度を発揮できるように**設計する必要がある．

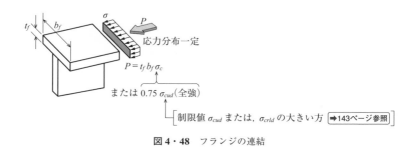

t_f　b_f　σ　P

応力分布一定

$P = t_f b_f \sigma_c$

または $0.75\, \sigma_{cud}$（全強）

制限値 σ_{cud} または，σ_{crld} の大きい方　→143ページ参照

図 4・48　フランジの連結

　主桁の連結箇所の曲げモーメントは式（4・13）を用いる．また，せん断力は最大せん断力が生じるように，載荷荷重を移動して求める．

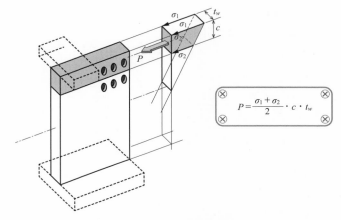

$$P = \frac{\sigma_1 + \sigma_2}{2} \cdot c \cdot t_w$$

図 4・49 応力分布が変化する腹板の接合

連結位置の曲げモーメントとせん断力

　　まず，概略設計で定めた連結位置 S 点の曲げモーメントとせん断力を求める．本書設計例の主桁連結位置は支間中央より $x = 6.75$ m で，連結する点の曲げモーメント M_s，せん断力 S_s を求める．

1 連結位置の曲げモーメント M_s

$$M_s = M \left\{ 1 - \frac{x^2}{(l/2)^2} \right\} = 2.8165 \times 10^9 \left\{ 1 - \frac{6.75^2}{(24/2)^2} \right\}$$

$$= 1.93 \times 10^9 \, \text{N·mm} \quad (\gamma_p, \ \gamma_p \ \text{は乗じ済み})$$

2 連結位置のせん断力 S_s

■ 死荷重によるせん断力 S_d

　　図 4・50 に示す S 点におけるせん断力 S_d は，

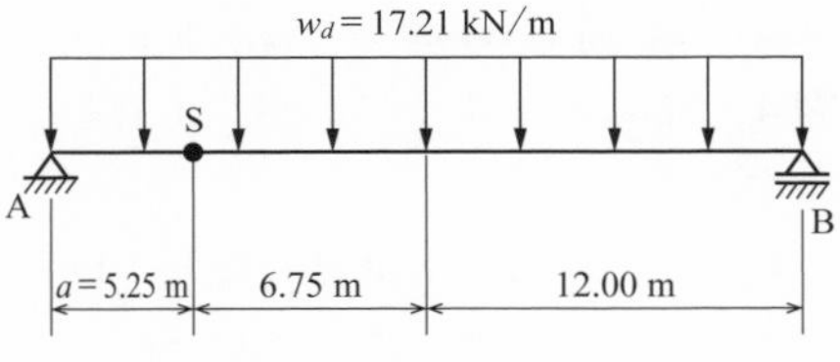

$$S_d = R_A - w_d a = \frac{w_d l}{2} - w_d a$$

$$= \frac{17.21 \times 24}{2} - 17.21 \times 5.25 = 116 \, \text{kN}$$

$w_d = 17.21$ kN/m

図 4・50 死荷重によるせん断力

$a = 5.25$ m　　6.75 m　　12.00 m

　　死荷重せん断力の作用効果は，荷重組合せ係数 $\gamma_p = 1.00$，荷重係数 $\gamma_q = 1.05$ より，

$$S_d = 1.00 \times 1.05 \times 116 = 121.8 \, \text{kN}$$

第 4 章 プレートガーダー橋の設計

■ **活荷重によるせん断力 S_l**

図 **4・51** に示すように，S 点に最大
せん断力を生じさせるためには A 〜 S
間に活荷重がないように載荷する.

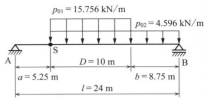

図 4・51　活荷重によるせん断力

$$S_l = R_A = \frac{p_{01}D(D+2b)}{2l} + \frac{p_{02}(D+b)^2}{2l}$$

$$= 15.756 \times 10 \times \frac{10+2\times8.75}{2\times24} + 4.596 \times \frac{(10+8.75)^2}{2\times24}$$

$$= 123.9 \text{ kN}$$

■ **衝撃によるせん断力 S_i**

衝撃係数は支間が同じであるので，$i = 0.270$ である.

$$S_i = S_l \cdot i = 123.9 \times 0.270 = 33.5 \text{ kN}$$

■ **活荷重によるせん断力 S_l**

活荷重によるせん断力 S_l は，衝撃 S_i を加えて荷重係数を乗じる.

荷重組合せ係数 $\gamma_p = 1.00$，荷重係数 $\gamma_q = 1.25$ より，

$$S_l = 1.00 \times 1.25 \times (123.9 + 33.5) = 196.8 \text{ kN}$$

■ **合計設計せん断力 S_s**

$$S_s = S_d + S_l = 121.8 + 196.8 = 318.6 \text{ kN}$$

フランジの連結

　連結部の曲げモーメントとせん断力が決定されたならば，フランジの連結を行う．圧縮フランジについては総断面積 A_g で応力度を算出する．引張フランジでは，図 **4・52** に示すように，ボルト孔のロスによる純断面積 A_n により，応力度を算出する.

　ただし，両者とも母材の持っている制限値の 75% 以上の耐力（全強の 75% と同じ意味）を連結部に与えるために，この値と比較し，大きい方を用いて設計応力度 σ_m とする．この設計応力度に母材断面積を乗じて設計力を求め，ボルト本数を算出する．ボルト中心間隔や縁端距離は基準（図 3・25「ボルトの配置」参照）の範囲において最小の連結版となるように配置する.

　図 **4・53** に示す断面で圧縮断面の連結をする.

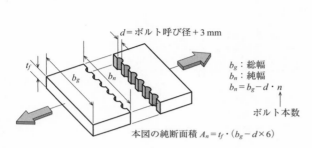

1 − pl 340 × 10

2 − pl 156 × 11

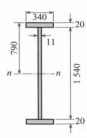

$d =$ ボルト呼び径 + 3 mm

t_f

b_g ：総幅
b_n ：純幅
$b_n = b_g - d \cdot n$

ボルト本数

本図の純断面積 $A_n = t_f \cdot (b_g - d \times 6)$

図 4・52　引張部材は純断面積

図 4・53　連結部

圧縮フランジ

■1 連結点の曲げモーメント M_s

連結点の曲げモーメント M_s による曲げ圧縮応力度は，

$$\sigma_c = \frac{M_s}{W} = \frac{1.93 \times 10^9}{1.47 \times 10^7} = 131.3 \text{ N/mm}^2$$

■2 設計応力度 σ_m の算出

全強の 75% による圧縮応力度は，自由突出板の制限値 $\sigma_{crld} = 179$ kN/mm² と，曲げモーメントを受ける板の制限値 $\sigma_{cud} = 165$ N/mm² の大きい方の 75% は，179 × 0.75 = 134.3 N/mm² である．発生応力度 $\sigma_c = 131.3$ N/mm² と比較し，**大きい方が連結の設計応力度 $\sigma_m = 134.3$ N/mm² となる**．

■3 連結板の寸法

図 4・53 に示すように，連結板の総断面積 A_s は，**フランジ断面積 A_f 以上**とする．
1-pl と 2-pl の面積はなるべく等しくする．以上のことから，

$$1\text{-}pl \; 340 \times 10 = 3\,400 \text{ mm}^2 \fallingdotseq 2\text{-}pl \; 156 \times 11 \times 2 = 3\,432 \text{ mm}^2 \qquad \therefore \text{ OK}$$

$$A_s = 3\,400 + 3\,432 = 6\,832 \text{ mm}^2 \geqq A_f = 340 \times 20 = 6\,800 \text{ mm}^2 \qquad \therefore \text{ OK}$$

■4 圧縮フランジボルト配置

M22，F8T，無機ジンクリッチペイント使用で 2 面摩擦接合とする．フランジに作用する設計力 P は，

$$P = \sigma_m \cdot A_f = 134.3 \times 6\,800 = 913\,240 \text{ N}$$

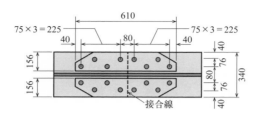

図 4・54　圧縮フランジ

　必要ボルト本数は，設計力 P を式(3・16)で求めたボルト 1 本当たりの制限値 V_{fyd}〔N〕(1 ボルト 1 面摩擦当たり，無機ジンクリッチペイント使用) で除して求める．

$$V_{fyd} = \xi_1 \cdot \Phi_{Mfv} \cdot V_{fk} \cdot m$$
$$= 0.90 \times 0.85 \times 74\,000 \times 2 = 113\,220\ \text{N}$$

必要ボルト本数 $n = \dfrac{P}{V_{fyd}} = \dfrac{913\,240}{113\,220} = 8.0$ 本

∴ 8 本と仮定する．**図 4・54** の通り．

5 **限界状態 1 に対する照査**

　接合線の片側にあるボルトすべてに生じる力 P_{sd} は，照査位置の応力度 σ_c にフランジ断面積 A_f を乗じて求める．

$$P_{sd} = \sigma_c \cdot A_f = 131.3 \times 340 \times 20 = 892\,840\ \text{N}$$

　ボルト 1 本当たりに生じる力 V_{sd} は，P_{sd} を接合線の片側にある本数 n で除して求める．式(3・16)が成立し，限界状態 1 を超えない．

　式(3・16)より，

$$V_{sd} = \frac{P_{sd}}{n} \leqq V_{fyd} = \xi_1 \cdot \Phi_{Mfv} \cdot V_{fk} \cdot m$$

$$V_{sd} = \frac{P_{sd}}{n} = \frac{892\,840}{8} = 111\,605\ \text{N}$$

$$V_{fyd} = \xi_1 \cdot \Phi_{Mfv} \cdot V_{fk} \cdot m = 0.90 \times 0.85 \times 74\,000 \times 2 = 113\,220\ \text{N}$$

$$V_{sd} = 111\,605\ \text{N} \leqq V_{fyd} = 113\,220\ \text{N}$$

∴ 限界状態 1 を超えない．

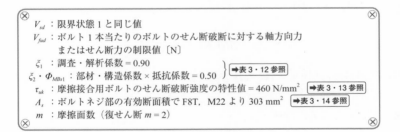

V_{fyd}：ボルト 1 本当たりの制限値〔N〕
ξ_1：調査・解析係数 = 0.90 ⎫
Φ_{Mfv}：抵抗係数 = 0.85 ⎬ ➡表 3・10 参照
V_{fk}：1 ボルト 1 摩擦面当たりのすべり強度で
　　　　無機ジンクリッチペイント使用 F8T，M22 より 74 kN ➡表 3・11 参照
m：摩擦係数（複せん断 $m = 2$）

⑥ 限界状態 3 に対する照査

式(3・17)より，

$$V_{sd} \leqq V_{fud} = \xi_1 \cdot \xi_2 \cdot \Phi_{MBs1} \cdot \tau_{uk} \cdot A_s \cdot m$$

$$V_{fud} = \xi_1 \cdot \xi_2 \cdot \Phi_{MBs1} \cdot \tau_{uk} \cdot A_s \cdot m = 0.90 \times 0.50 \times 460 \times 303 \times 2 = 125\,442 \text{ N}$$

$$V_{sd} = 111\,605 \text{ N} \leqq V_{fud} = 125\,442 \text{ N}$$

∴ 限界状態 3 を超えない．

V_{sd}：限界状態 1 と同じ値
V_{fud}：ボルト 1 本当たりのボルトのせん断破断に対する軸方向力
　　　　またはせん断力の制限値〔N〕
ξ_1：調査・解析係数 = 0.90 ⎫
$\xi_2 \cdot \Phi_{MBs1}$：部材・構造係数 × 抵抗係数 = 0.50 ⎬ ➡表 3・12 参照
τ_{uk}：摩擦接合用ボルトのせん断破断強度の特性値 = 460 N/mm² ➡表 3・13 参照
A_s：ボルトネジ部の有効断面積で F8T，M22 より 303 mm² ➡表 3・14 参照
m：摩擦面数（復せん断 $m = 2$）

引張フランジ

(1) 連結部の引張側のフランジに生じる引張応力度 σ_t

引張フランジの連結については圧縮フランジと同様に，連結部の引張側のフランジに生じる引張応力度 σ_t を求める．ただし純断面積のロスを考慮する．図 4・55 に示す引張フランジ連結点の曲げモーメント M_s による曲げ引張応力度は，

$$\sigma_t = \frac{M_s}{W} = \frac{1.93 \times 10^9}{1.47 \times 10^7} = 131.3 \text{ N/mm}^2$$

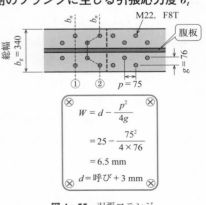

$$W = d - \frac{p^2}{4g}$$

$$= 25 - \frac{75^2}{4 \times 76}$$

$$= 6.5 \text{ mm}$$

$$d = 呼び + 3 \text{ mm}$$

図 4・55 引張フランジ

（2）純断面積

➡ H29 道橋示 II-9-5-5

ボルトの配列は圧縮フランジと同じと仮定する．図 4・55「引張フランジ」の総幅は $b_g = 340$ mm に対して純幅は，図 4・55 の①と②で小さい方とする．

① 純幅 $b_n = b_g - 2d = 340 - 2 \times 25 = 290$ mm

② 純幅 $b_n = b_g - d - w - d - w$

$$= 340 - 25 - 6.5 - 25 - 6.5$$

$$= 277 \text{ mm}$$

よって，小さい方を純幅とし，純断面積 A_n は，

$$A_n = b_n \cdot t_f = 277 \times 20 = 5\,540 \text{ mm}^2$$

（3）設計応力度 σ_m の算出

全強の 75% を算出し，大きい応力度を設計応力度 σ_m とする．

1 M_s **による曲げ引張応力度** σ_t

σ_t に $\dfrac{b_g}{b_n}$ を乗じて純断面積での σ_t を割り増す．

$$\sigma_t' = \sigma_t \cdot \frac{b_g}{b_n} = 131.3 \times \frac{340}{277} = 161.2 \text{ N/mm}^2$$

2 軸方向引張応力度の制限値 σ_{tyd}

$$\sigma_{tyd} = 179 \text{ N/mm}^2$$

3 曲げ引張応力度の制限値 σ_{tud}

$$\sigma_{tud} = 179 \text{ N/mm}^2$$

4 上記 **2** と **3** で求めた制限値 σ_{tyd}，σ_{tud} の大きい方に対する全強の 75% は，

$$0.75 \times 179 = 134.3 \text{ N/mm}^2$$

よって，設計応力度 $\sigma_m = 161.2$ N/mm^2 となり，純断面積での発生応力度となる．

（4）引張フランジのボルト配置

M22，F8T 無機ジンクリッチペイント使用で 2 面摩擦接合とする．フランジに作用する設計力 P は，

$$P = \sigma_m \cdot A_n = 161.2 \times 5\,540 = 893\,048 \text{ N}$$

必要ボルト本数は，式（3・16）で求めたボルト 1 本当たりの制限値 V_{fyd}〔N〕で除して求める．

必要ボルト本数 $n = P / V_{fyd} = 893\,048 / 113\,220 = 7.9$ 本

∴ 偶数に切り上げ，8 本とする．

(5) 限界状態 1 に対する照査

接合線の片側にあるボルトすべてに生じる力 P_{sd} は，照査位置の応力度 σ_m にフランジ断面積 A_n を乗じて求める．

$$P_{sd} = \sigma_m \cdot A_f = 161.2 \times 277 \times 20 = 893\,048 \text{ N}$$

ボルト 1 本当たりに生じる力 V_{sd} は P_{sd} を接合線の片側にある本数 $n = 8$ 本で除して求める．式(3・16)が成立したとき限界状態 1 を超えない．

$$V_{sd} = P_{sd} / n \leqq V_{fyd} = \xi_1 \cdot \Phi_{Mfv} \cdot V_{fk} \cdot m$$

$$V_{sd} = P_{sd} / n$$

$$= 893\,048 / 8 = 111\,631 \text{ N}$$

$$V_{fyd} = \xi_1 \cdot \Phi_{Mfv} \cdot V_{fk} \cdot m$$

$$= 0.90 \times 0.85 \times 74\,000 \times 2$$

$$= 113\,220 \text{ N}$$

> ξ_1　：調査・解析係数 = 0.90 ⎫
> Φ_{Mfv}　：抵抗係数 = 0.85　　　⎬ ➡表 3・10 参照
> V_{fk}　：1 ボルト 1 摩擦面当たりのすべり強度で ⎭
> 　　　　無機ジンクリッチペイント使用 F8T，
> 　　　　M22 より 74 kN　➡表 3・11 参照
> m　：摩擦面数（複せん断 $m = 2$，単せん断 $m = 1$）

$$V_{sd} = 111\,631 \text{ N} \leqq V_{fyd} = 113\,220 \text{ N}$$

∴　限界状態 1 を超えない．

(6) 限界状態 3 に対する照査

式(3・17)より，

$$V_{sd} \leqq V_{fud} = \xi_1 \cdot \xi_2 \cdot \Phi_{MBs1} \cdot \tau_{uk} \cdot A_s \cdot m$$

$$V_{fud} = \xi_1 \cdot \xi_2 \cdot \Phi_{MBs1} \cdot \tau_{uk} \cdot A_s \cdot m = 0.90 \times 0.50 \times 460 \times 303 \times 2 = 125\,442 \text{ N}$$

$$V_{sd} = 111\,631 \text{ N} \leqq V_{fud} = 125\,442 \text{ N}$$

∴　限界状態 3 を超えない．

> V_{sd}　：限界状態 1 と同じ値
> V_{fud}　：ボルト 1 本当たりのボルトのせん断破断に対する軸方向力
> 　　　　またはせん断力の制限値〔N〕
> ξ_1　：調査・解析係数 = 0.90 ⎫
> $\xi_2 \cdot \Phi_{MBs1}$　：部材・構造係数 × 抵抗係数 = 0.50 ⎬ ➡表 3・12 参照
> τ_{uk}　：摩擦接合用ボルトのせん断破断強度の特性値 = 460 N/mm² ➡表 3・13 参照
> A_s　：ボルトネジ部の有効断面積で F8T，M22 より 303 mm² ➡表 3・14 参照
> m　：摩擦面数（複せん断 $m = 2$）

腹板の連結　　腹板の連結は，腹板とフランジの付け根付近はモーメントが大きく，中立軸付近ではせん断力が大きくなる．したがって，腹板の連結では，図 4・56 のように，モーメントプレートとシャープレートの 2 種類の連結板を用いる．ただし，支間が小

さい，すなわち，曲げモーメントの小さい桁の場合には，1枚の連結板で間に合うことがある．

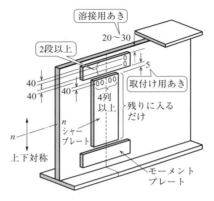

図4・56　腹板のボルト配置

(1) 腹板のボルト配置　（図4・56）

1. 縁端距離を **40 mm** にとる．
2. ボルト間隔 **75 〜 150 mm** にとる．
3. フランジとのすみ肉溶接用あきを **20 〜 30 mm** 程度とる．
4. モーメントプレートとシャープレートのあきを **5 mm** 程度とる．
5. モーメントプレート内ボルト段数は二段以上とする．腹板高に応じて適当に増やす．
6. シャープレートはモーメントプレートの間に入れる．ただし，モーメントプレートのボルト間隔と極力等しく配置する．

(2) ボルト本数の決定　　　　　　　　　　　➡ H29 道橋示 II-9-6-2

高さ方向のボルト配置が出来たら，必要なボルト本数を算出する．**図4・57**に示すように，モーメントプレートとシャープレートの最上段ボルトに分担される設計力 P_1, P_2 を式 **(4・15)**，式 **(4・16)** により求める．

$$P_1 = \frac{\sigma_0 + \sigma_1}{2} \, (b_0 - b_1) \, t_w \quad [\text{kN}] \tag{4・15}$$

$$P_2 = \frac{\sigma_2 + \sigma_3}{2} \, (b_2 - b_3) \, t_w \quad [\text{kN}] \tag{4・16}$$

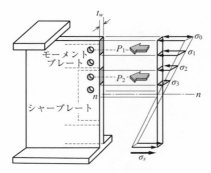

図4・57 応力度と設計力

それぞれの行の設計力 P_{sd} である P_1，P_2 を，ボルト1本当たりの制限値 V_{fyd} で除して必要本数を出す．制限値 V_{fyd} は1ボルト1摩擦面当たりのすべり強度 V_{flk} より式(3・16)で求めたものである．P_1 すなわちモーメントプレートでの本数が**2本以下なら1枚の連結板**とする．

図4・58 に示すように腹板のボルト縦配置を決め，**図4・59** のデータをもとに各プレート最上段のボルト本数を求める．鋼材質は SM400，高力ボルトは F8T，ボルトの呼びは M22 とする．接触面には**無機ジンクリッチペイント**使用する．

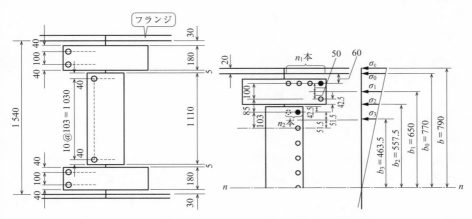

図4・58 腹板のボルト配置　　　　図4・59 中立軸からの応力位置

1 連結部の曲げ応力度 σ_c

➡ H29 道橋示 II-9-6-2

$\sigma_c = 131.3$ N/mm^2 である．これより，図 4・59 を用いて，σ_0，σ_1，σ_2，σ_3 を比例で求める．さらに，式(4・15)，式(4・16)により設計力 P_1，P_2 を求める．

$$\sigma_0 = \sigma_c \times \frac{b_0}{b} = 131.3 \times \frac{770}{790} = 128 \text{ N/mm}^2$$

$$\sigma_1 = \sigma_c \times \frac{b_1}{b} = 131.3 \times \frac{650}{790} = 108 \text{ N/mm}^2$$

$$\sigma_2 = \sigma_c \times \frac{b_2}{b} = 131.3 \times \frac{557.5}{790} = 93 \text{ N/mm}^2$$

$$\sigma_3 = \sigma_c \times \frac{b_3}{b} = 131.3 \times \frac{463.5}{790} = 77 \text{ N/mm}^2$$

設計力 P_1，P_2

$$P_1 = \frac{\sigma_0 + \sigma_1}{2}(b_0 - b_1)t_w = \frac{128 + 108}{2} \times (770 - 650) \times 11$$

$$= 155\ 760 \text{ N} = 1.5576 \times 10^5 \text{ N}$$

$$P_2 = \frac{\sigma_2 + \sigma_3}{2}(b_2 - b_3)t_w = \frac{93 + 77}{2} \times (557.5 - 463.5) \times 11$$

$$= 87\ 890 \text{ N} = 8.789 \times 10^4 \text{ N}$$

2 必要ボルト本数 n_1，n_2

圧縮フランジと同じ M22，F8T，2 面摩擦接合，無機ジンクリッチペイント使用条件より，式(3・16)より求めた，ボルト 1 本当たりの制限値 $V_{fyd} = 113\ 220$ N で除して求める．

$$n_1 = P_1 / V_{fyd} = 1.5576 \times 10^5 / 113\ 220 = 1.4 \qquad \therefore \text{ 2 本}$$

$$n_2 = P_2 / V_{fyd} = 8.789 \times 10^4 / 113\ 220 = 0.8 \qquad \therefore \text{ 1 本}$$

モーメントプレートは 2 本，シャープレートは 1 本でよいことになった．この場合，モーメントプレートとシェアプレートを 1 体化し，高さ方向のボルト配置を変え，**図 4・60** のように 1 枚の連結版に 2 本のボルトを配置する．高さ方向の間隔は，モーメントプレートの仮定間隔と同様とする．もし仮に $n_1 = 5$ 本，$n_2 = 2$ 本のように n_1 が 3 本以上になり，かつ n_2 と n_1 に差が生じたならば，**図 4・61** のようにモーメントプレートとシャープレートを分離する．高さ方向の間隔は仮定の通りとする．

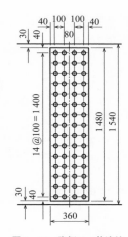

図4・60 腹板の1枚連結

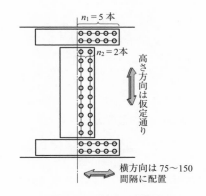

図4・61 腹板の3枚連結

3 連結板の照査

本例では1枚の連結板となっている．**図4・62**の連結板厚 t_s の決定では，**式 (4・17)** と式**(4・18)** の条件を満足させる．求めた大きい方を採用する（最小板厚 8 mm）．

4 腹板断面二次モーメント I_w ≦ 連結板の断面二次モーメント I_s

$$\frac{t_w h_w^{\,3}}{12} \leqq \frac{2t_s h_s^{\,3}}{12} \;\blacktriangleright\; t_s \geqq \frac{t_w h_w^{\,3}}{2h_s^{\,3}} \tag{4・17}$$

$$t_s = \frac{11 \times 1\,540^3}{2 \times 1\,480^3} = 6.2 \text{ mm} \qquad \therefore\; t_s = 8 \text{ mm}$$

5 腹板の断面積 A_w ≦ 連結板の断面積 A_{sp}

$$2t_s h_s \geqq t_w h_w \;\blacktriangleright\; t_s \geqq \frac{t_w h_w}{2h_s} \tag{4・18}$$

$$t_s = \frac{11 \times 1\,540}{2 \times 1\,480} = 5.7 \text{ mm} \qquad \therefore\; t_s = 8 \text{ mm}$$

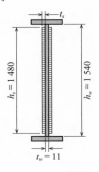

図4・62 連結板

(3) モーメントプレートとシャープレートの分離型の連結板の板厚の決め方

図 4・63 に示す場合も基本的には，$I_w \leqq I_s$，$A_w \leqq A_{sp}$ で，1 枚の連結板と考え方は変わらない．

① モーメントプレートの板厚 t_s

$$\frac{t_w h_w^{\,3}}{12} \leqq 4\left(\frac{t_s h_s^{\,3}}{12} + h_s t_s y^2\right) \Rightarrow t_s \geqq \frac{t_w h_w^{\,3}}{4h_s(h_s^{\,2} + 12y^2)}$$

(4・19)

② シャープレートの板厚 t_s'

$$2t_s' h_s' \geqq t_w h_w \Rightarrow t_s' \geqq \frac{t_w h_w}{2h_s'}$$

(4・20)

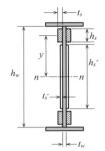

図 4・63　2 枚プレート

∴ 連結板はいずれの場合も主要部材なので，8 mm は確保する事となる．

(4) 限界状態の照査

① 最上段のボルト 1 本に生じる力

$V_{sd} = P_{sd} / n$，ボルト 1 本当たりに制限値 $V_{fyd} = \xi_1 \cdot \varPhi_{Mfv} \cdot V_{fk} \cdot m$

式 (3・16) より，

$$V_{fyd} = 0.90 \times 0.85 \times 74\,000 \times 2 = 113\,220 \text{ N}$$

② 一列目のボルト 1 本に生じる力

図 4・64 に示す P_{sd} を求め，本数 n で除して，ボルト 1 本の力 V_{sd} がボルト 1 本当たりの制限値 V_{fyd} を超えないことで限界状態1を超えない確認をする．

$$\begin{aligned}
P_{sd} &= (b_0 - b_1) \cdot t_w \cdot (\sigma_0 + \sigma_1) / 2 \\
&= (770 - 650) \times 11 \times (128 + 108) / 2 \\
&= 155\,760 \text{ N}
\end{aligned}$$

$$V_{sd} = P_{sd} / n = 155\,760 / 2 = 78\,880 \text{ N}$$

$$V_{sd} = 78\,880 \text{ N} \leqq V_{fyd} = 113\,220 \text{ N}$$

∴ 限界状態 1 を超えない．

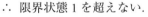

図 4・64　設計力

③ せん断力に対する照査

連結部に生じるせん断力は，

$$\begin{aligned}
S_{sd} &= \tau_{ud} \cdot A_g \\
&= 0.90 \times 1.00 \times 0.85 \times 135 \times 16\,940 = 1\,749\,478 \text{ N}
\end{aligned}$$

V_{fyd}：ボルト1本当たりの制限値〔N〕

τ_{ud}：せん断応力度の制限値〔N/mm²〕　➡式(2・23)参照

$\qquad \tau_{ud} = \xi_1 \cdot \xi_2 \cdot \varPhi_{Us} \cdot \tau_{yk}$　　➡H29 道橋示 II-5-4-7

ξ_1：調査・解析係数 = 0.90

ξ_2：部材・構造係数 = 1.00 ⎫

$\varPhi_{Us}$：抵抗係数 = 0.85 ⎭ ➡表2・9参照

τ_{yk}：鋼材のせん断降伏強度の特性値 = 135 N/mm²　➡表1・3参照

A_g：腹板総断面積で 1 540 × 11 = 16 940 mm²

図4・60 より，接合線片側のボルト本数 $n = 30$ 本，ボルト1本当たりに生ずるせん断力は，

$$V_{sds} = S_{sd} / n = 1\,749\,478 / 30 = 58\,316\ \text{N}$$

$$V_{sds} = 58\,316\ \text{N} \leqq V_{fyd} = 113\,220\ \text{N}$$

∴ 限界状態3を超えない．

4 曲げモーメントとせん断力を同時に作用する連結の照査　➡H29 道橋示 II-9-6-2

図4・65 に示すように，最上段のボルト1本に生じる力 V_{sd} と腹板連結部に作用するせん断力 V_{sds}，合力 V_R がボルト1本当たりの制限値 V_{fyd} を超えなければ限界状態1を超えない．

$$V_R = \sqrt{V_{sd}{}^2 + V_{sds}{}^2} = \sqrt{78\,880^2 + 58\,316^2}$$
$$= 98\,096\ \text{N}$$

$$V_R = 98\,096\ \text{N} \leqq V_{fyd} = 113\,220\ \text{N}$$

∴ 限界状態1を超えない．

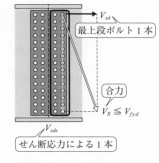

図4・65 せん断曲げ同時作用

（最上段ボルト1本 V_{sd}，合力 $V_R \leqq V_{fyd}$，せん断応力による1本 V_{sds}）

5 最上段のボルト1本当たりの制限値 V_{fud} の照査　➡H29 道橋示 II-9-9-1

$$V_{fud} = \xi_1 \cdot \xi_2 \cdot \varPhi_{MBs1} \cdot \tau_{uk} \cdot A_s \cdot m \geqq V_{sd}（限界状態3を超えない）\ ➡式(3・17)参照$$

ボルト1本当たりに生じる力 V_{sd} は，連結部に生じるせん断力 $S_s = 318.6$ kN = 318 600 N，接合線片側のボルト本数 $n = 30$ 本より，

$$V_{sd} = S_s / n = 318\,600 / 30 = 10\,620\ \text{N}$$

$$V_{fud} = \xi_1 \cdot \xi_2 \cdot \varPhi_{MBs1} \cdot \tau_{uk} \cdot A_s \cdot m$$
$$= 0.90 \times 0.50 \times 460 \times 303 \times 2$$
$$= 125\,442\ \text{N}$$

ξ_1：調査・解析係数 ⎫

$\xi_2 \cdot \varPhi_{MBs1}$：部材・構造係数 × 抵抗係数 ⎭ ➡表3・12参照

τ_{uk}：摩擦接合用ボルトのせん断破断強度の特性値〔N/mm²〕　➡表3・13参照

A_s：ボルトネジ部の有効断面積〔mm²〕　➡表3・14参照

m：摩擦面数（単せん $m = 1$，複せん $m = 2$）

第4章 プレートガーダー橋の設計

$V_{fud} = 125\,442\text{ N} \geqq V_{sd} = 10\,620\text{ N}$

∴　限界状態 3 を超えない.

⑥ 曲げモーメントが作用する連結の照査　　　　　　→ H29 道橋示 II-9-9-2

接合線片側のボルト本数（一群）でモーメントを受けるが, その強さは, ボルトから中立軸までの距離 y_i の二乗に比例することから導かれた**式 (4・21)** により求めたボルト 1 本当たりに生じる力 V_{sd} とする.

$$V_{sd} = \frac{M_{sd}}{\Sigma y_i^{\,2}} y_i \leqq \frac{y_i}{y_n} V_{fud} \quad (4 \cdot 21)$$

$M_{sd} = \sigma_{wu} \cdot I_w / y_n$

$= 128 \times \dfrac{11 \times 1\,540^3}{12} \div 770$

$= 5.5654 \times 10^8\text{ N·mm}$

M_{sd}：ボルト群に生じる曲げモーメント
$\quad M_{sd} = \sigma_{wu} \cdot I_w / y_n$
σ_{wu}：腹板上端の作用応力 $\sigma_0 = 128\text{ N/mm}^2$
I_w：腹板の中立軸の断面二次モーメント〔mm^4〕
y_n：中立軸からフランジ縁までの距離〔mm〕
y_i：中立軸から最縁ボルトまでの距離〔mm〕
$\Sigma y_i^{\,2}$：一群のボルトの中立軸までの距離の
$\quad$二乗を集めたもの〔mm^2〕　**→図 4・66 参照**

図 4・66 より, $\Sigma y_i^{\,2}$ を求めると以下のようになる.

$\Sigma y_i^{\,2} = \{100^2 + 200^2 + 300^2 + 400^2 + 500^2 + 600^2 + 700^2 + (-100)^2 + (-200)^2$
$\qquad\quad + (-300)^2 + (-400)^2 + (-500)^2 + (-600)^2 + (-700)^2\} \times 2\text{ 列}$

$\quad = 5.600 \times 10^6\text{ mm}^2$

$V_{sd} = \dfrac{M_{sd}}{\Sigma y_i^{\,2}} y_i = \dfrac{5.5654 \times 10^8}{5.600 \times 10^6} \times 700 = 69\,567\text{ N}$

$\dfrac{y_i}{y_n} V_{fud} = \dfrac{700}{790} \times 0.90 \times 0.50 \times 460 \times 303 \times 2 = 111\,151\text{ N}$

$\dfrac{y_i}{y_n} V_{fud} = 111\,151\text{ N} \geqq V_{sd} = 69\,567\text{ N}$

∴　限界状態 3 を超えない.

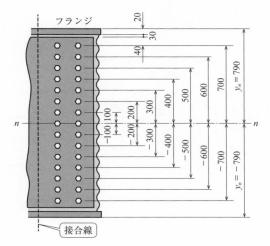

図 4・66 Σy_i^2

Coffee Break **フランジの連結と腹板の連結**

フランジの連結の例を図 **4・67** に，腹板の連結の例を図 **4・68** に示す．

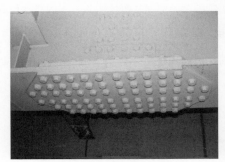

図 **4・67** フランジの連結

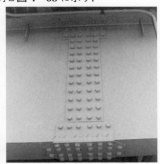

図 **4・68** 腹板の連結

9 補剛材の設計

びょうぶは折れて強し

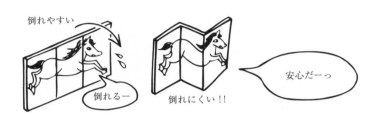

| 補剛材の設計 |

補剛材は，圧縮を受ける腹板やフランジが，**図4・69**に示すように全体座屈や局部座屈を起こして腹板が曲がって破壊するのを防止する役目がある．特に腹板は板厚が薄く，補剛材が入ることで剛性が増加する．補剛材は主として座屈破壊に抵抗する．全体座屈は細長比に関して，局部座屈は幅厚比によって耐荷性能が左右される．補剛材には水平補剛材と垂直補剛材がある．水平補剛材は支間が大きくなり，桁高が大きくなった場合に腹板圧縮部の座屈に抵抗する．本例では垂直補剛材について，しかも支点上の最も大きな力を受ける部材として計算する．SM400A

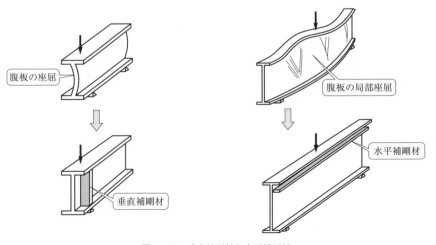

図4・69　垂直補剛材と水平補剛材

で腹板高 h_w が腹板厚 t_w の 70 倍以下なら省略可能である.　　　　**➡ H29 道橋示 II-13-4-3**

　垂直補剛材の設計手順は，**図 4・70** に示すように両端固定の長柱として，b_1，b_2 の断面に支点上のせん断力が作用するとして，①〜⑨の手順で行う．両端固定としているのは，上下フランジが床版や対傾構で固定していると考えている．有効長が半分の柱として細長比を扱う．　　　　**➡ H29 道橋示 II-13-7-2**

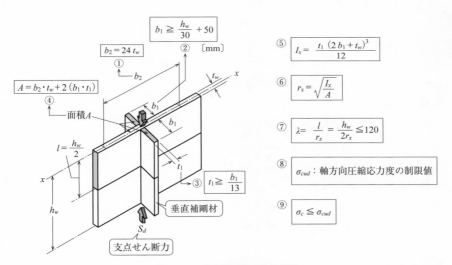

図 4・70　垂直補剛材の設計手順

① 補剛材と腹板の一部を柱の断面積として含める範囲 b_2

　b_2 は，腹板厚 t_w の 24 倍までとする．ここでは 19 倍とする．　**➡ H29 道橋示 II-13-7-2**

$$b_2 = 19t_w = 19 \times 11 = 209 \text{ mm}$$

② 補剛材の突出幅 b_1

　b_1 は，次式以上とする.

$$b_1 = \frac{h_w}{30} + 50 = \frac{1\,540}{30} + 50 = 102 \text{ mm}$$　　**➡ H29 道橋示 II-13-4-4**

　ただし，**支点上の垂直補剛材はフランジ縁に達するまで伸ばす原則**から，支点上のフランジ幅は 300 mm，腹板厚 11 mm を減じて

　　　$289 / 2 = 144$ mm　　　　∴ $b_1 = 144$ mm

　中間補剛材は 102 mm とする．一般に支点上で最大せん断力が発生するので，

これからの照査は $b_1 = 144$ mm の支点上で行う.

③ 補剛材の板厚 t_1

t_1 は，次式以上とする．　$t_1 \geqq \dfrac{b_1}{13} = \dfrac{144}{13} = 11.1$ mm　　　　∴ $t_1 = 12$ mm

④ 全有効断面積 A

A は，補剛材断面積の 1.7 倍を超えない.　　　　　　　　　　　**→ H29 道橋示 II-13-7-2**

$$A = b_2 \cdot t_w + 2\,(b_1 \cdot t_1) = 209 \times 11 + 2\,(144 \times 12) = 5\,755 \text{ mm}^2$$

$$\text{補剛材断面積} \times 1.7 = 2\,(b_1 \cdot t_1) \times 1.7 = 2\,(144 \times 12) \times 1.7 = 5\,875 \text{ mm}^2$$

$$A = 5\,755 \text{ mm}^2 \leqq \text{補剛材断面積} \times 1.7 = 5\,875 \text{ mm}^2 \qquad ∴ \text{ 成立}$$

$A = 5\,755$ mm^2 として応力度 σ_c を求める.

⑤ 断面二次モーメント I_x

図 4・70 に示す x 軸に関する断面二次モーメント I_x を求める.

$$I_x = \frac{t_1(2b_1 + t_w)^3}{12} = \frac{12(2 \times 144 + 11)^3}{12} = 2.673 \times 10^7 \text{ mm}^4$$

⑥ 部材の断面二次半径 r_x

$$r_x = \sqrt{\frac{I_x}{A}} = \sqrt{\frac{2.673 \times 10^7}{5\,755}} = 68.1 \text{ mm}$$

⑦ 細長比 λ

部材の細長比制限として，示す主要圧縮部材 120 以下の照査を行う．両端固定であるので，有効座屈長 $l = $ 腹板高さ h_w の 1/2，断面二次半径 r_x の比は，

$$\lambda = \frac{l}{r_x} = \frac{h_w}{2r_x} = \frac{1\,540}{2 \times 68.1} = 11 \leqq 120 \quad （細長比制限値内である） \boxed{\text{→表 2・1 参照}}$$

⑧ 軸方向圧縮応力度の制限値 σ_{cud}

細長比パラメータ $\bar{\lambda}$ より幅厚比パラメータを求め，軸方向圧縮応力度の制限値より耐荷性能を照査する.

■ 細長比パラメータ $\bar{\lambda}$

式（2・5）より，

$$\bar{\lambda} = \frac{1}{\pi} \sqrt{\frac{\sigma_{yk}}{E}} \cdot \frac{l}{r_x} = \frac{1}{\pi} \times \sqrt{\frac{235}{200\,000}} \times \frac{770}{68.1} = 0.12$$

表 2・6 より $\bar{\lambda} \leqq 0.2$ から，$\rho_{crg} = 1.00$

σ_{yk} ：鋼材の降伏強度の特性値 = 235 N/mm^2（SM400A）　➡表1・3参照
E ：鋼材のヤング係数 = 200 000 N/mm^2
ρ_{crg} ：全体座屈に対する圧縮応力度の特性値の補正係数　➡表2・6参照
μ ：ポアソン比（鋼は 0.3）
k ：座屈係数（自由突出板は 0.43）
b ：突出幅 = 144 mm
t ：板厚 = 12 mm

■ 幅厚比パラメータ R

式(2・6)より，

$$R = \frac{b}{t} \cdot \sqrt{\frac{\sigma_{yk}}{E} \cdot \frac{12(1-\mu^2)}{\pi^2 \cdot k}} = \frac{144}{12} \times \sqrt{\frac{235}{200\,000} \times \frac{12 \times (1-0.3^2)}{\pi^2 \times 0.43}} = 0.66$$

式(2・10)より ρ_{crl} を求める．$R \leqq 0.7$ から，$\rho_{crl} = 1.00$

■ 軸方向圧縮応力度の制限値 σ_{cud}

式(2・11) より，

$$\sigma_{cud} = \xi_1 \cdot \xi_2 \cdot \Phi_U \cdot \rho_{crg} \cdot \rho_{crl} \cdot \sigma_{yk}$$

$$= 0.90 \times 1.00 \times 0.85 \times 1.00 \times 1.00 \times 235 = 179 \text{ N/mm}^2$$

ξ_1 ：調査・解析係数 = 0.90
ξ_2 ：部材・構造係数 = 1.00　➡表2・5参照
Φ_U ：抵抗係数 = 0.85
σ_{yk} ：鋼材の降伏強度の特性値 = 235 N/mm^2　➡表1・3参照

⑨ 耐荷性能の照査

合計設計せん断力 S_d = 502.4 kN = 502 400 = 5.024×10^5 N

断面積 A = 5 755 mm^2

$$\sigma_c = \frac{S_d}{A} = \frac{5.024 \times 10^5}{5\,755} = 87.3 \text{ N/mm}^2$$

σ_c = 87.3 N/mm^2 $\leqq$ σ_{cud} = 179 N/mm^2

∴ 限界状態 3 を超えないので，限界状態 1 も超えない．　　➡ H29 道橋示 II-5-3-4

他にも支圧応力やせん断応力の照査もあるが，ここでは省略する．

10 対傾構の設計

桁の立役者

> **主桁の自立を**
> **助ける陰の力**

　対傾構の設計は，**図4・71**に示すように単純ばりと
して計算する上弦材と，トラスとして計算する斜材に分
けられる．図4・71は端対傾構の曲げモーメントの計算
方法である．また中間対傾構は端対傾構の斜材で決定された断面を用いても十分
安全となる．使用部材としては，端対傾構の上弦材に溝形鋼，斜材や中間対傾構
に山形鋼が用いられる．以下，端対傾構について設計する．

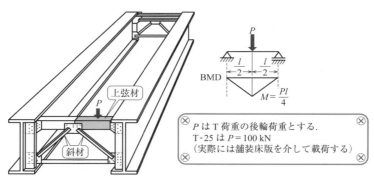

BMD

$$M = \frac{Pl}{4}$$

⊗　PはT荷重の後輪荷重とする．
　T-25は$P = 100$ kN
　（実際には舗装床版を介して載荷する）⊗

図4・71　端対傾向

> **端対傾向上弦材**

　この部材は，橋の末端部で特に大きな車輪荷重を受け
る．そこで溝形鋼を主桁間に渡し，中央部に斜材により
支点を設けた単純ばりとして曲げモーメントを算出す

る．また，小支間のため大きな衝撃も発生するのでこれも加味する．これらの曲げモーメントより必要断面積を計算し，この値より少し大きめの溝形鋼を設計資料より拾い出し，断面の決定をする．以下に流れを示す．

曲げモーメント（衝撃を含む） ➡ 必要断面係数 ➡ 断面拾い ➡ 応力照査

　対傾構の設置間隔は，**6 m 以内でフランジ幅の 30 倍を超えないこと**．3 本以上の主桁で支間が **10 m 超える場合には，荷重分配横桁を設けること．荷重分配横桁間隔は 20 m を超えないこと**．本書では非荷重分配横桁の設計としている．

➡ H29 道橋示 II-13-8-2

端対傾構上弦材 の設計

　図 **4・72** の斜線部を単純ばりと考え，ここに T 荷重後輪 $P = 100$ kN を作用させる．

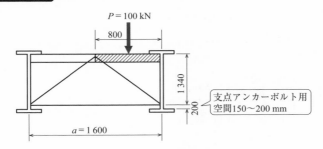

図 4・72　上弦材の設計

１ 曲げモーメント M_u

$$M_u = \frac{Pl}{4} = \frac{100 \times 0.8}{4} = 20 \text{ kN·m}$$

２ 衝撃による曲げモーメント M_i

$$\text{衝撃係数 } i = \frac{20}{50 + l} = \frac{20}{50 + 0.8} = 0.394$$

$$M_i = M_u \cdot i = 20 \times 0.394 = 7.88 \text{ kN·m}$$

３ 設計曲げモーメント M

　表 **1・7** より作用の組合せとして②を選択し，荷重組合せ係数 $\gamma_p = 1.00$，荷重

係数 $\gamma_q = 1.25$ を用いて設計曲げモーメント M を求める.

$$M = \gamma_p \cdot \gamma_q \cdot (M_u + M_i) = 1.00 \times 1.25 \times (20 + 7.88)$$
$$= 34.85 \text{ kN·m}$$
$$= 3.485 \times 10^7 \text{ N·mm}$$

4 必要断面係数 W_x

式(2·3)より，軸方向引張応力度の制限値 σ_{tyd} を求め，設計曲げモーメント M_u より必要断面係数 W_x を逆算する.

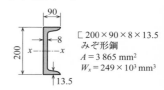

$$\sigma_{tyd} = \xi_1 \cdot \varPhi_{yt} \cdot \sigma_{yk}$$
$$= 0.90 \times 0.85 \times 235 = 179 \text{ N/mm}^2$$

$$W_x \geqq \frac{M}{\sigma_{tyd}} = \frac{3.485 \times 10^7}{179} = 1.95 \times 10^5 \text{ mm}^3$$

（枠内）
ξ_1：調査・解析係数 = 0.90　→表2·3参照
$\varPhi_{yt}$：抵抗係数 = 0.85
σ_{yk}：鋼材の降伏強度の
　　　特性値 = 235 N/mm² →表1·3参照

5 断面拾い

$W_x = 1.95 \times 10^5 \text{ mm}^3$ 以上を巻末付録より**図4·73** に示す断面とする.

みぞ形鋼：$200 \times 90 \times 8 \times 13.5$，$A = 3\,865 \text{ mm}^2$，
　　　　　$W_x = 249 \times 10^3 \text{ mm}^3$

6 応力度の照査

$$\sigma = \frac{M}{W} = \frac{3.485 \times 10^7}{249 \times 10^3} = 140 \text{ N/mm}^2$$

$$\sigma = 140 \text{ N/mm}^2 \leqq \sigma_{tyd} = 179 \text{ N/mm}^2$$

∴　限界状態1を超えない.

通常は限界状態3に対しても行うが，ここでは省略する.

┌ $200 \times 90 \times 8 \times 13.5$
みぞ形鋼
$A = 3\,865 \text{ mm}^2$
$W_x = 249 \times 10^3 \text{ mm}^3$

図4·73　断面拾い

端対傾構斜材の設計

この部材は**図4·74** に示すように，主桁に作用する風荷重などを支点に効果的に伝え，橋の立体的構造を確保する．先の上弦材と一体となり，斜材としてトラスの計算をする．同図中の風荷重 w は，風速 40 m/s の風が主桁側面に作用するとして計算する.

→ **H29 道橋示 I-8-17**

ここでは，床版と横構で 1/2 づつ受け持つ．設計の流れは次の通りである.

風荷重 w の算出 ➡ 部材力 D の算出 ➡ 必要断面積 A ➡ 断面拾い ➡ 照査

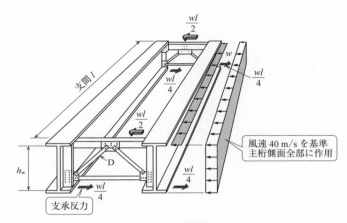

図4・74 斜材の設計

1 風荷重 w の算出

図1・17より,

橋の総幅 B は,道路幅員 5 700 + 地覆幅 400 × 2 = 6 500 mm

橋の総高さ h は,腹板高 1 540 + 地覆高 410 + 400 = 2 350 mm

表1・16の断面形状 $\dfrac{B}{h}$ による風荷重の算式は,$\dfrac{B}{h} = \dfrac{6\,500}{2\,350} = 2.8$ より①の式を用いる.

$$w = \left(\frac{V}{40}\right)^2 \left\{4.0 - 0.2 \times \left(\frac{B}{h}\right)\right\} h \geqq 6.0$$

B:橋の総幅
h:橋の総高さ

設計風速は 40 m/s であるので,以下の計算となる.

$$w = (4.0 - 0.2 \times 2.8) \times 2.35 = 8.084 \text{ kN/m}$$

2 部材力 D の算出

図4・75より,

$$D = -\frac{wl}{4}\sec\alpha \tag{4・22}$$

係数 γ_p, γ_q 乗じて設計部材力 D_p とする.

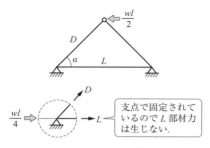

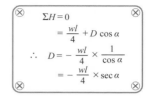

図 4・75　トラスの解析

3 必要断面積 A

式 (4・23) により求める．式中の σ_{yk} は表 1・3 より鋼材の降伏強度の特性値，0.24 は断面仮定の圧縮部材の低減率である．

$$A \geqq \frac{D_p}{0.24 \cdot \sigma_{yk}} \tag{4・23}$$

4 断面拾い

必要断面積 A に対する巻末付録の等辺山形鋼より直近大きめの断面積 A_g を拾う．この断面における最小断面二次半径 r_v に対する部材長 l から，細長比 l/r_v を表 2・1 により二次部材として照査する．

5 斜材の応力度照査

軸方向圧縮力を受ける部材の照査に加え，圧縮力を受ける山形鋼を有する部材（ガセット偏心）として**式 (4・24)** で照査する．　　　　➡ H29 道橋示 II-5-4-13

$$\sigma_{cud}{}' = \xi_1 \cdot \xi_2 \cdot \Phi_u \cdot \rho_{crg} \cdot \rho_{crl} \cdot \sigma_{yk}$$　　➡ H29 道橋示 II-5-4-4

ガセット偏心を加味した $\sigma_{cud} = \sigma_{cud}{}' \cdot \left(0.5 + \dfrac{l/r_v}{1\,000} \right) \geqq \sigma_c = \dfrac{D_p}{A_g}$　　(4・24)

∴ 式 (4・24) が成立ならば限界状態 3 を超えない，限界状態 1 も超えない．

[**例題 1**]　本章で扱っている**図 4・76**の端対傾構斜材の設計をせよ.

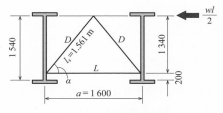

図 4・76　端対傾構斜材

[**解答**]　**1 風荷重 w と部材長 l_s**

前出の風による等分布荷重 w とする.

$w = 8.084$ kN/m

部材長 $l_s = \sqrt{1\,340^2 + 800^2} = 1\,561$ mm

$\sec \alpha = 1\,561/800$

2 部材力

$$D = -\frac{wl}{4}\sec\alpha = -\frac{8.084\times24}{4}\times\frac{1\,561}{800} = -94.6 \text{ kN}$$

荷重組合せ係数 $\gamma_p = 1.00$,　荷重係数 $\gamma_q = 1.25$ を乗じた設計部材力 D_p は,

$$D_p = \gamma_p \cdot \gamma_q \cdot D = 1.00 \times 1.25 \times (-94.6) = -118 \text{ kN}$$

荷重組合せは,他に,死荷重,地震,温度などあるが,本書では風荷重に特化し,他は省略する.

3 必要断面積 A

設計部材力 D_p（以降絶対値）より式（4・23）を用いて,

$$A = \frac{D_p}{0.24 \cdot \sigma_{yk}} = \frac{118\,000}{0.24\times235} = 2\,092 \text{ mm}^2$$

4 断面拾い

巻末付録の等辺山形鋼から,**図 4・77** に示すように,直近大きめの断面積のサイズを選択し,最小断面二次半径 r_v や断面積 A などのデータを拾い込む.横構や対傾構での最小寸法は 75×75 mm とする.　　➡ H29 道橋示 II-10-2

L $90 \times 90 \times 13$
$A = 2\,171$ mm^2
$r_v = 17.3$ mm
（最小断面二次半径）

図 4・77　断面拾い

使用する断面諸元は，山形鋼 L 90 × 90 × 13，部材長 $l = 1\,561$ mm，断面積 $A = 2\,171$ mm^2，最小断面二次半径 $r_v = 17.3$ mm，材質 SM400A である．

5 細長比の照査

細長比は圧縮の二次部材として 150 以下であること．

$$\lambda = \frac{l}{r_v} = \frac{1\,561}{17.3} = 90 \leqq 150 \qquad \therefore\ \text{OK}$$

6 ガセット偏心を加味した軸方向圧縮応力度の制限値 σ_{cud}

式$(2 \cdot 11)$，式$(2 \cdot 12)$を組み合わせた制限値 σ_{cud} に対して，発生する応力度 σ_c が小さければ限界状態 3 を超えない．

$$\sigma_{cud} = \xi_1 \cdot \xi_2 \cdot \Phi_U \cdot \rho_{crg} \cdot \rho_{crl} \cdot \sigma_{yk} \cdot \left(0.5 + \frac{l / r_v}{1\,000} \right) \geqq \sigma_c$$

> ξ_1：調査・解析係数 = 0.90
> ξ_2：部材・構造係数 = 1.00 ⎫ ➡表 2・5 参照
> Φ_U：抵抗係数 = 0.85
> σ_{yk}：鋼材の降伏強度の特性値 = 235 N/mm^2 ➡表 1・3 参照

式$(2 \cdot 5)$より，細長比パラメータ $\overline{\lambda}$ は，

$$\text{細長比パラメータ } \overline{\lambda} = \frac{1}{\pi} \cdot \sqrt{\frac{\sigma_{yk}}{E}} \cdot \frac{l}{r_v} = \frac{1}{\pi} \times \sqrt{\frac{235}{2.0 \times 10^5}} \times \frac{1\,561}{17.3} = 0.98$$

ρ_{crg} は柱として全体座屈に対する圧縮応力度の特性値 σ_{cud} の補正係数で，表 2・6 より，

$$0.2 < \overline{\lambda} \leqq 1.0$$

ρ_{crg} の式は，

$$\rho_{crg} = 1.109 - 0.545 \times \overline{\lambda} = 1.109 - 0.545 \times 0.98 = 0.57 \qquad \text{➡ H29 道橋示 II-5-4-4}$$

■ 自由突出板の幅厚比パラメータ R

山形鋼の $90 \times 90 \times 13$ は，自由突出幅 $b = 90 - 13 = 77$ mm，板厚 $t = 13$ mm，ポアソン比 $\mu = 0.3$，座屈係数（自由突出板）$k = 0.43$ である．

式$(2 \cdot 6)$より，

$$\text{幅厚比パラメータ } R = \frac{b}{t} \cdot \sqrt{\frac{\sigma_{yk}}{E} \cdot \frac{12(1 - \mu^2)}{\pi^2 \cdot k}}$$

$$= \frac{77}{13} \times \sqrt{\frac{235}{2.0 \times 10^5} \times \frac{12(1 - 0.3^2)}{\pi^2 \times 0.43}} = 0.32$$

ρ_{crl} は局部座屈に対する圧縮応力度の特性値 σ_{cud} の補正係数で，式 $(2 \cdot 10)$ より，

$R \leqq 0.7$ のとき $\rho_{crl} = 1.00$　　　　　　　　　　　　　　　➡ H29 道橋示 II-5-4-2

■ 軸方向圧縮応力度の制限値 σ_{cud}

$$\sigma_{cud}' = \xi_1 \cdot \xi_2 \cdot \Phi_U \cdot \rho_{crg} \cdot \rho_{crl} \cdot \sigma_{yk}$$
$$= 0.90 \times 1.00 \times 0.85 \times 0.57 \times 1.00 \times 235$$
$$= 102 \text{ N/mm}^2$$

ガセット偏心を加味した $\sigma_{cud} = \sigma_{cud}' \cdot \left(0.5 + \dfrac{l / r_v}{1\,000} \right) \geqq \sigma_c = \dfrac{D_p}{A_g}$

$$\sigma_{cud} = \sigma_{cud}' \cdot \left(0.5 + \frac{l / r_v}{1\,000} \right)$$
$$= 102 \times \left(0.5 + \frac{1\,561 / 17.3}{1\,000} \right)$$
$$= 60 \text{ N/mm}^2$$

$$\sigma_c = \frac{D_p}{A_g} = \frac{1.18 \times 10^5}{2\,171} = 54 \text{ N/mm}^2$$

$$\sigma_{cud} = 60 \text{ N/mm}^2 \geqq \sigma_c = 54 \text{ N/mm}^2$$

∴ 限界状態 3 を超えない.

この他にもガセットとの溶接継手やボルトの継手の照査もあるが省略する.

第4章 プレートガーダー橋の設計

11 横構の設計

風の小売り商

> 風の力を分散させて，隣の桁へと伝える仲人役

横構の設計では，図 **4・78** に示すように，対傾構で算出した風荷重の半分は床版にて受け持ち，残り半分を風下と風上の横構でさらに半分ずつ受け持つとする．すなわち，$w/4$ の等分布荷重が作用するトラスとして部材力を算出する．

他の荷重として，地震や温度変化などがあるが，ここでは省略する．また部材力は斜材の支点付近で最大となるので，図 4・78 中の D_c についてのみ計算すれ

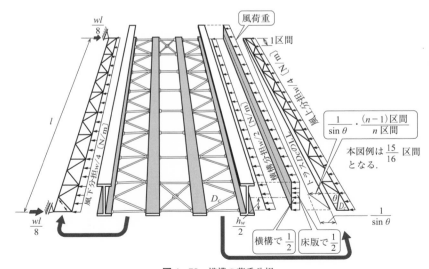

図 4・78 横構の荷重分担

ばよい．他の部材力はこれより小さくなるので，同じ断面の部材を用いることにする．

必要断面の計算では，部材が細長いので，細長比の圧縮二次部材の限界150より，断面二次半径を逆算し，資料から部材を拾う．断面が決定すれば，その断面の最小断面二次半径r_vより細長比を算定し，制限値を求めて応力度の照査を行う．以下，計算例を示す．

➡ H29 道橋示 II-13-8-3

図 **4・79** に示すように，横構の配置と影響線から横構の設計をする．

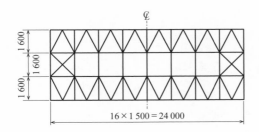

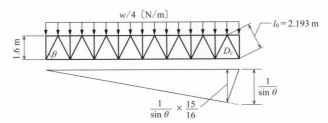

図 **4・79**　横構の配置と影響線

■1 風による等分布荷重 w

風による等分布荷重 w は対傾構と同様に，$w = 8.084 \text{ kN/m}$

■2 部材力 D_c の算出

斜材 D_c の長さは，主桁間隔 1.6 m と補剛材間隔 1.5 m より，

$$l_0 = \sqrt{1\,600^2 + 1\,500^2} = 2\,193 \text{ mm}$$

$$D_c = -\frac{1}{2} \times \frac{1}{\sin\theta} \times \frac{15}{16} \times 24 \times \frac{8.084}{4} = -31.2 \text{ kN} \qquad (圧縮力)$$

$$\sin\theta = \frac{1.600}{2.193}$$

荷重組合せ係数 $\gamma_p = 1.00$，荷重係数 $\gamma_q = 1.25$ を乗じた設計部材力 D_p は，

$$D_p = \gamma_p \cdot \gamma_q \cdot D_c = 1.00 \times 1.25 \times (-31.2) = 39 \text{ kN} \qquad (絶対値)$$
$$= 3.9 \times 10^4 \text{N}$$

❸ 必要断面二次半径 r_x

$$r_x \geqq \frac{l_0}{150} = \frac{2\,193}{150} = 14.6 \text{ mm} \qquad \therefore 14.6 \text{ mm 以上必要}$$

❹ 断面拾い

巻末付録の等辺山形鋼から，少し大きめの最小断面二次半径 r_v を探る．
L $90 \times 90 \times 13$，$A = 2\,171 \text{ mm}^2$，$r_v = 17.3 \text{ mm}$ より，

$$細長比 \lambda = \frac{l_0}{r_v} = \frac{2\,193}{17.3} = 127 \leqq 150 \qquad \therefore \text{OK（圧縮二次部材）}$$

❺ 耐荷性能照査

■ 軸方向圧縮力を受ける部材の照査

• 軸方向圧縮応力度の制限値 σ_{cud} を式（2・11）より求める．

$$
\begin{aligned}
&\xi_1 : 調査・解析係数 = 0.90 \\
&\xi_2 : 部材・構造係数 = 1.00 \quad \text{➡表 2・5 参照} \\
&\Phi_U : 抵抗係数 = 0.85 \\
&\sigma_{yk} : 鋼材の降伏強度の特性値 = 235 \text{ N/mm}^2 \quad \text{➡表 1・3 参照}
\end{aligned}
$$

• ρ_{crg} を求めるために式（2・5）より細長比パラメータ $\bar{\lambda}$ を求める．

$$細長比パラメータ \bar{\lambda} = \frac{1}{\pi} \cdot \sqrt{\frac{\sigma_{yk}}{E}} \cdot \frac{l_0}{r_v}$$

$$= \frac{1}{\pi} \times \sqrt{\frac{235}{2.0 \times 10^5}} \times \frac{2\,193}{17.3} = 1.38$$

表 2・6 より，$\bar{\lambda} > 1.0$，溶接箱形以外より ρ_{crg} は，

$$\rho_{crg} = \frac{1}{(0.733 + \overline{\lambda^2})} = \frac{1}{(0.733 + 1.38^2)} = 0.38$$

→ H29 道橋示 II-5-4-4

・ρ_{crl} を求めるために式$(2 \cdot 6)$より幅厚比パラメータ R を求める.

山形鋼の $90 \times 90 \times 13$ より，$b = 90 - 13 = 77\,\mathrm{mm}$，$t = 13\,\mathrm{mm}$，ポアソン比 $\mu = 0.3$，座屈係数（自由突出板）$k = 0.43$ なので，

$$\text{幅厚比パラメータ } R = \frac{b}{t} \cdot \sqrt{\frac{\sigma_{yk}}{E} \cdot \frac{12(1 - \mu^2)}{\pi^2 \cdot k}}$$

$$= \frac{77}{13} \times \sqrt{\frac{235}{2.0 \times 10^5} \times \frac{12 \times (1 - 0.3^2)}{\pi^2 \times 0.43}} = 0.33$$

式$(2 \cdot 10)$より，$R \leq 0.7$ であるから，$\rho_{crl} = 1.00$

→ H29 道橋示 II-5-4-2

・軸方向圧縮応力度の制限値 σ_{cud}（ガセット偏心補正前を $\sigma_{cud}{}'$ とする）

$$\sigma_{cud}{}' = \xi_1 \cdot \xi_2 \cdot \Phi_U \cdot \rho_{crg} \cdot \rho_{crl} \cdot \sigma_{yk}$$

$$= 0.90 \times 1.00 \times 0.85 \times 0.38 \times 1.00 \times 235$$

$$= 68\,\mathrm{N/mm^2}$$

式$(2 \cdot 12)$より

$$\text{ガセット偏心を加味した } \sigma_{cud} = \sigma_{cud}{}' \cdot \left(0.5 + \frac{l/r_v}{1\,000}\right) \geq \sigma_c = \frac{D_p}{A_g}$$

$$\sigma_{cud} = \sigma_{cud}{}' \cdot \left(0.5 + \frac{l/r_v}{1\,000}\right)$$

$$= 68 \times \left(0.5 + \frac{2\,193/17.3}{1\,000}\right)$$

$$= 42\,\mathrm{N/mm^2}$$

$$\sigma_c = \frac{D_p}{A_g} = \frac{3.9 \times 10^4}{2\,171} = 18\,\mathrm{N/mm^2}$$

$$\sigma_{cud} = 42\,\mathrm{N/mm^2} \geq \sigma_c = 18\,\mathrm{N/mm^2}$$

∴ 限界状態 3 を超えない.

この他にもガセットとの溶接継手やボルトの継手の照査もあるが，省略する.

12 支承の設計

橋の重さも支承次第

（1）支承の種類

> 反力も
> 面積次第で
> 軽々支えられる

　　支承は上部からの鉛直荷重を支え，また地震や風などの横力にも，安全なように処理するよう設計する必要がある．支点の移動量が 30 mm 未満の場合には，**図4・80** に示す**線支承**，30 mm 以上では，コロを用いた**ローラー支承**が用いられる．支承の設計では，主に**図4・81** に示すように，支点せん断力（反力）により，**支承部材を選択**する．また，**橋台コンクリートに与える支圧力が，その制限値を超えていないか**，検討することの 2 点が重要である．

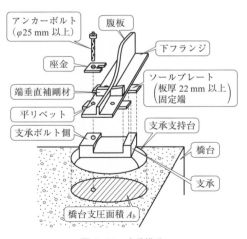

図4・80　支承構造

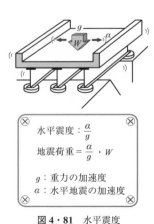

水平震度：$\dfrac{\alpha}{g}$

地震荷重 $= \dfrac{\alpha}{g} \cdot W$

g：重力の加速度
α：水平地震の加速度

図4・81　水平震度

　支承の選択は，**表4・5**の支承設計資料より既成のものを選ぶ．支承各部の突起強度は，水平震度により検討する．**水平震度**とは，図4・81で水平力が生じるかを表す係数である．ここでは水平震度についての検討は省略する．次に支承底面の支圧面積によりコンクリート橋台の支圧強度を検討する．

表4・5　鋳鉄小判形線支承の選択表（例）

種別番号	フランジ厚 t_f 〔mm〕	補剛材突出長 b_1 〔mm〕	支承支持力 〔KN〕	支圧面積 A_b 〔mm²〕	質量 〔kg〕
B-1			421.4	107 600	500
B-2			470.4	120 700	529
B-3	13	120	529.2	134 400	578
B-4			578.2	148 700	686
B-5			637.5	163 600	735
B-6			725.2	186 000	892
B-7			578.2	148 700	696
B-8	15	140	637.0	163 600	745
B-9			725.2	186 000	902

（2）支承の設計

1 設計せん断力 S_d

$$S_d = 502.4\ \text{kN} \quad （本書では地震は除いている）$$

2 支承の選択

　表4・5より，$S_d = 502.4$ kN に相当する支持力の支承は B-3 となる．

　　支圧面積 $A_b = 134\ 400\ \text{mm}^2$

3 支承の支圧に対する照査（支圧応力を受けるコンクリート部材）

$$\sigma_{bad} = \xi_1 \cdot \xi_2 \cdot \Phi_{ba} \cdot \sigma_{ba} \geqq \sigma_b \qquad (4・25) \qquad ⇒ \text{H29 道橋示 III-5-7-5}$$

$$\sigma_{ba} = k \cdot \left(0.25 + 0.05\ \frac{A_c}{A_b} \right) \sigma_{ck} \qquad (4・26)$$

> σ_{bad} ：支圧破壊に対する支圧応力度の制限値〔N/mm²〕
> k ：補正係数 = 1.70
> A_c ：局部載荷でコンクリートの有効支圧面積〔mm²〕
> A_b ：局部載荷で支圧を受けるコンクリート面の実面積〔mm²〕
> σ_{ba} ：コンクリートの支圧強度の制限値〔N/mm²〕
> σ_{ck} ：コンクリートの設計基準強度〔N/mm²〕

第4章 プレートガーダー橋の設計

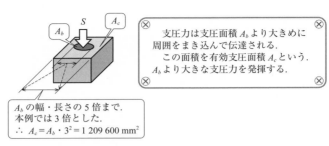

図4・82　有効支圧面積 A_c

$k = 1.70$, $A_b = 134\ 400\ \text{mm}^2$, $A_c = 1\ 209\ 600\ \text{mm}^2$, $\sigma_{ck} = 24\ \text{N/mm}^2$ より,

$$\sigma_{ba} = k \cdot \left(0.25 + 0.05\ \frac{A_c}{A_b}\right) \sigma_{ck}$$

$$= 1.70 \times \left(0.25 + 0.05 \times \frac{1\ 209\ 600}{134\ 400}\right) \times 24 = 28.6\ \text{N/mm}^2$$

表4・6 より, $\xi_1 = 0.90$, $\xi_2 \cdot \Phi_{ba} = 0.85$

上記**3**より, $\sigma_{ba} = 28.6\ \text{N/mm}^2$

$$\sigma_{bad} = \xi_1 \cdot \xi_2 \cdot \Phi_{ba} \cdot \sigma_{ba} = 0.90 \times 0.85 \times 28.6 = 21.9\ \text{N/mm}^2$$

$$\sigma_b = \frac{S_d}{A_b} = \frac{5.024 \times 10^5}{134\ 400} = 3.7\ \text{N/mm}^2$$

$$\sigma_b = 3.7\ \text{N/mm}^2 \leqq \sigma_{bad} = 21.9\ \text{N/mm}^2$$

∴　限界状態 3 を超えない.　　　　　　　　　　　　　　➡ H29 道橋示 III-5-7-5

表4・6　調査・解析係数，部材・構造係数，抵抗係数

		ξ_1	$\xi_2 \cdot \Phi_{ba}$ (ξ_2 と Φ_{ba} の積)
i)	ii) と iii) 以外の作用の組合せを考慮する場合	0.90	0.85
ii)	⑩変動作用支配状況を考慮する場合		1.00
iii)	⑪偶発作用支配状況を考慮する場合	1.00	

| Coffee Break | たわみの計算 |

◎その他の性能で扱うたわみには，死荷重によるものと，活荷重によるものがある．
たわみ量 δ の計算式は，

①集中荷重 P による場合は，たわみ量 δ_1，支間 l，弾性係数 E，断面の断面二次モーメント I とすると，　　　$\delta_1 = \dfrac{Pl^3}{48EI}$

②等分布荷重 w による場合は，たわみ量 δ_2，$\delta_2 = \dfrac{5wl^4}{384EI}$

◎死荷重によるたわみ δ_d は，架設時の支間中央の上げ幅を確保する，製作キャンバーの計算に用いられる．

◎活荷重のたわみ δ_l は，「その他の性能」である．設計上のたわみ量の制限値との比較，桁下空間確保や車両の重量制限などに用いられる．

鋼桁のたわみの制限値は，

支間 $10\,\text{m} < l \leqq 40\,\text{m}$，鋼桁形式の単純桁および連続桁　　$\dfrac{l}{20\,000/l}$ 以下　〔m〕

本書で扱った支間 24 m の鋼桁では $\dfrac{24}{20\,000/24} = 0.029\,\text{m}$ となる．　　➡ H29 道橋示 II-3-8-2

集中荷重 $P = 200\,\text{kN}$ が載荷，断面二次モーメント $I = 1.46 \times 10^{10}\,\text{mm}^4$ のたわみ δ_1 は，

$$\delta_1 = \frac{Pl^3}{48EI} = \frac{200\,000 \times 24\,000^3}{48 \times 2.0 \times 10^5 \times 1.46 \times 10^{10}} = 19.7\,\text{mm} \leqq 29\,\text{mm} \qquad \therefore\ \text{OK}$$

25 t トラックの走行で 24 m 支間中央では 20 mm 変位する．

問題 1 プレートガーダーの設計にはどのような荷重を用いるのか．また，その理由はなぜか．

問題 2 プレートガーダー橋の各部の名称を三つあげよ．

問題 3 垂直補剛材間隔はどの程度か．

問題 4 鉄筋のかぶりとは何か．またその厚さはどの程度か．

問題 5 L 荷重を載荷する場合の留意点を述べよ．

問題 6 鋼材の単位重量を示せ．

問題 7 フランジの断面変化はどのように行うか述べよ．

問題 8 縁端距離はなぜ設けるのか述べよ．

問題 9 コンクリート床版において鉄筋とコンクリートどちらが先に限界状態を迎えるようにすべきか．その理由も述べよ．

問題 10 圧縮フランジの限界状態3の照査は，どのような部材として計算するのか述べよ．ブまた，どのような座屈を想定しているのか説明せよ．

第 **5** 章

トラス橋の設計

　支間が 50 〜 100 m 程度の橋にはトラス橋が適している．第 4 章で学んだプレートガーダー橋では不利となる．支間が大きくなるにつれて，曲げモーメントは大きくなるが，せん断力はさほど増加しない．このことは，支間が増すと主桁高さが増加するが，せん断力に抵抗する腹版の断面積はあまり必要としないことを表す．このことから，腹板を三角形状に切り抜き，透過形状にしたトラス橋が登場することになる．各三角形の交点を格点というが，理論上 1 本のピンで結合させ，各部材軸方向力のみで，曲げモーメントは発生しない構造として扱っている．とくに影響線による部材力の求め方や座屈現象を通して限界状態設計法について学ぶ．

ポイント

▶ **主構の部材力** …… 主構の部材力は影響線により求める．特に L 荷重の載荷位置に留意すること．

▶ **主構断面の決定** … 圧縮部材は長柱として設計する．図心計算と断面二次半径の計算になれ，座屈の防止法を学び，耐荷性能の照査を理解する．

▶ **主構部材の連結** … 上弦材，下弦材，斜材の断面形に留意すること．格点における曲げ応力を押えることなど理解する．

1 構造と設計手順

3 人寄れば文殊の力

動かない

2 人では左右に動き
不安定なのだ

**最少の部材数で
最も安定した
構造**

　　トラス橋は**図 5・1** のように直線部材を三角形に組ん
だ連続構造である．部材の数は，2 本では構造をなさず，
4 本では逆に不安定となる．トラスに作用する荷重は，
床版から縦桁へと流れ，横桁を介して主構の格点（部材
の交わる点）へと伝わる．

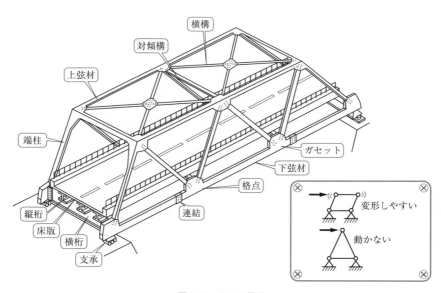

横構

対傾構

上弦材

端柱

ガセット

下弦材

格点

縦桁

床版

連結

横桁

支承

変形しやすい

動かない

図 5・1　トラス構造

**トラス橋の
設計手順**

(1) 設計条件（図5・2）

　プレートガーダー橋と同様に，橋梁計画の前提条件の調査解析を踏まえて，支間，幅員，設計荷重，形式，鋼材種などを列挙する．また，路線の役目，架設環境や100年を見越した維持管理法などのあらゆる情報を集め，100年耐荷のために維持しやすい設計とし，維持計画も含めた方法を設計書に記載しておく．適用関係示方書等の表示も当然計上する．

(2) 概略設計（図5・3）

　既存のデータや示方書の規定などから，設計条件を基に各部の概略寸法を定める．概略寸法には主構高・縦桁間隔・主構間隔・格間長・縦桁高・横桁高・弦材高・弦材幅などがある．これらの概略寸法により，作用力を求め，安全か否かの検討を行う．

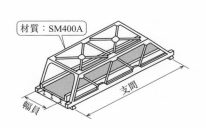

図5・2　設計条件

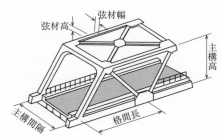

図5・3　概略設計

(3) 床版の設計（図5・4）

　床版は直接荷重が接触するので，T荷重にて設計する．ここでは，プレートガーダー橋と同様，床版厚と鉄筋量の計算が重要となる．この設計は前章と説明が重複するので省略する．

(4) 縦桁・横桁の設計（図5・5）

　床版からの荷重を縦桁のフランジで受け，縦桁の荷重は横桁で受ける．横桁は，左右の主構格点間に接続されており，主構の格点に横桁までの荷重すべてが作用する．したがって縦桁の支間は格間長となる．また，横桁の支間は主構間隔となる．床版や床組（縦桁・横桁）はT荷重により設計する．この縦桁・横桁の断面設計はプレートガーダー橋と共通なので，ここでは省略する．

第5章
トラス橋の設計

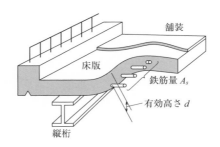

図 5・4　床版の設計

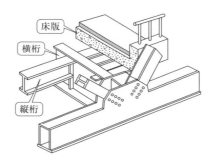

図 5・5　縦桁・横桁の設計

(5) 主構の設計

　主構は上弦材，斜材，下弦材から構成されている．主構の設計では，**格点はピン構造と仮定**しているので，圧縮引張りを受ける柱として断面を設計する．実際には**図 5・6** および図 5・37 に示すように格点をガセットという回転構造からほど遠い形状で施工されているので，弦材の自重により曲げモーメント（二次応力という）も発生するので，なるべく**ガセットが小さくなるように連結**する．ピン構造のトラス橋も少ないが現存はしている．各弦材の断面決定にはL荷重を用い，影響線により部材力を求める．

(6) 横構の設計（図 5・7）

　主として横構は風荷重や地震・温度変化等の横荷重に抵抗，横構と横構補材が協力して橋の立体構造を保つ対傾構としての働きがある．これらの設計については，プレートガーダー橋と共通する点が多いのでここでは省略する．

180

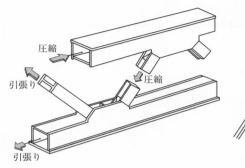

図5・6 主構の設計

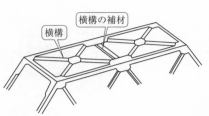

図5・7 横構の設計

(7) 橋門構の設計

橋門構は上弦材に作用する風荷重や地震荷重などを支点に伝達する役目がある．**図5・8**に示すように，上弦材と端柱のフランジに，直結する構造とする．上弦材と端柱からの荷重と橋門構との荷重の作用線は一般に一致しないので偏心荷重が生じる．橋門構の設計は，偏心荷重の作用する短柱として設計する．短柱の設計と共通するのでここでは省略する．

(8) 支承の設計

支承は，**図5・9**に示すように，橋の全重量や地震・温度変化による支点移動などの力を橋脚や橋台に伝達するためにある．支間が大きくなるトラス橋では，温度変化も大きくローラーまたはロッカー支障が多く使用される．基本的にはプレートガーダー橋と共通することが多いのでここでは省略する．

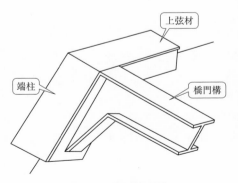

図5・8 橋門構の設計

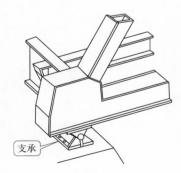

図5・9 支承の設計

2 設計条件

トラス狸の皮算用

設計条件は，
安全性・耐久性・
維持管理し易さ・
使用目的との適合性・
経済性・景観などの
皮算用の実現努力

設計条件は，施工条件や維持管理・使用材料の特性などを踏まえプレートガーダー橋と同様に，橋の形式，供用年数，設計荷重，橋の寸法，使用材料，材料の重量等の制約事項を記載する．このほかに主構の中心間隔なども入る．またトラスに限らず，橋下空間の路面の勾配などの架設環境なども条件となり得る．ここでは細かい説明は省略し，設計条件の一部を示す．

① 設 計 荷 重　　B 活荷重　交通量 1 日 1 000 台以上
② 供 用 期 間　　100 年
③ 形　　　　式　　単純ワーレントラス下路橋
④ 寸　　　　法　　支間 77 m　幅員 7.4 m
⑤ 材　　　　料　　鋼板 SM400　鉄筋 SD295
　　　　　　　　　　コンクリート設計基準強度　$\sigma_{ck} = 24$ N/mm^2
⑥ 材 料 重 量　　鋼材 77 kN/m^3　鉄筋コンクリート 24.5 kN/m^3
　　　　　　　　　　アスファルト舗装 22.5 kN/m^3
　　　　　　　　　　ハンチ・高欄・鋼重 3.4 kN/m^2
⑦ 適用示方書　　道路橋示方書　平成 29 年 11 月　日本道路協会

図5・10 トラス橋（五日市線）

図5・11 トラス橋（同拡大）

Coffee Break　トラス3兄弟

「ハウトラス」，「プラットトラス」，「ワーレントラス」は，トラス橋の種類で，設計者の名前をそのままつけたものである．

◎ハウトラス

　斜材がカタカナの「ハ」の字型に組み合わされている．斜材は圧縮部材となり，圧縮に強い木材の特性を生かし，屋根組やコンクリートトラスに用いられる（ハウストラスの意味ではない）．

◎プラットトラス

　駅舎でよく見かけるが，斜材は引張部材となり，鋼材の引張りに強い特性を生かし，レールの再利用も可能である（プラットホームトラスの意味ではない）．

◎ワーレントラス

　「W」の字形を示し，ハウトラスとプラットトラスの斜材を交互に配置．斜材は引張りと圧縮が交互に並ぶ．形がすっきりで美しい（イケメントラスではない）．

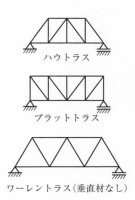

ハウトラス

プラットトラス

ワーレントラス（垂直材なし）

3 | 概略設計

概略は詳細なり

概略設計は，支間をもとに主構高から弦材の概略寸法まで決定していく．弦材の断面決定にあたっては示方書の規定やシャパーの式や過去の設計データなどをもとに仮定する．

> **概略設計で橋のほとんどは決定する**

主構高・格間長・弦材などの各寸法は，**図 5・12** に示すように仮定する．

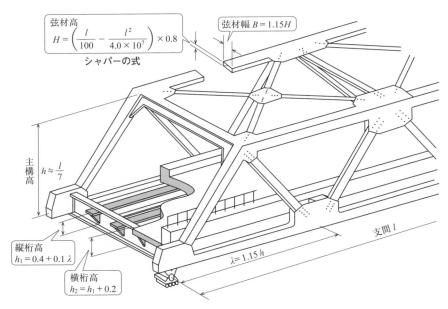

弦材高
$$H = \left(\frac{l}{100} - \frac{l^2}{4.0 \times 10^7} \right) \times 0.8$$
シャパーの式

弦材幅 $B = 1.15 H$

主構高 $h \fallingdotseq \dfrac{l}{7}$

縦桁高 $h_1 = 0.4 + 0.1\lambda$

横桁高 $h_2 = h_1 + 0.2$

$\lambda = 1.15\, h$

支間 l

図 5・12　シャパーの式と各部寸法仮定

図 **5・13** に示すように，支間 $l = 77\ 000$ mm，幅員 $= 7\ 400$ mm，地覆幅 300 mm，縦桁間隔 3 000 mm のとき，**1** 主構高 h，**2** 格間長 λ，**3** 縦桁高 h_1，**4** 横桁高 h_2，**5** 弦材高 H，**6** 弦材幅 B を仮定する．

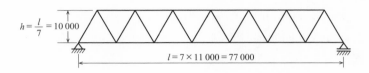

$$h = \frac{l}{7} = 10\ 000$$

$$l = 7 \times 11\ 000 = 77\ 000$$

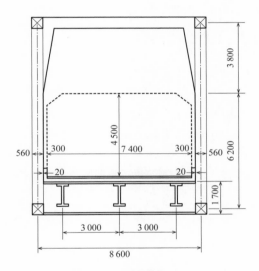

図 5・13 概略設計図

1 主構高

$$h = \frac{l}{7} = \frac{77\ 000}{7} = 11\ 000 \text{ mm}$$

∴ ここでは，10 000 mm とする．

2 格間長

$$\lambda = h \cdot 1.15 = 10\ 000 \times 1.15 = 11\ 500 \text{ mm}$$

∴ ここでは，11 000 mm とする．

❸ 縦桁高

$$h_1 = 0.4 + 0.1 \cdot \lambda = 0.4 + 0.1 \times 11 \text{ m} = 1.5 \text{ m}$$

∴ ここでは，$h_1 = 1\,500$ mm とする．

❹ 横桁高

$$h_2 = h_1 + 0.2 = 1.5 + 0.2 = 1.7 \text{ m}$$

∴ ここでは，$h_2 = 1\,700$ mm とする．

❺ 弦材高

$$H = \left(\frac{l}{100} - \frac{l^2}{40 \times 10^7} \right) \times 0.8$$

$$= \left(\frac{77\,000}{100} - \frac{77\,000^2}{4.0 \times 10^7} \right) \times 0.8 = 497 \text{ mm}$$

∴ ここでは，$H = 490$ mm とする．

❻ 弦材幅

$$B = 1.15\,H = 1.15 \times 490 = 564 \text{ mm}$$

∴ ここでは，$B = 560$ mm とする．

❶〜❻の結果を図 5・13 に反映させて概略図として示す．

Coffee Break | **支間が大きくなったらトラスが有利**

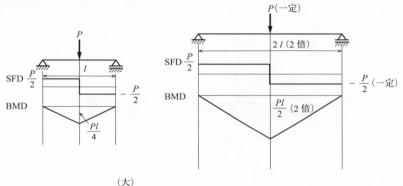

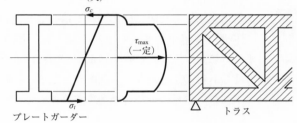

図5・14 支間とトラス構造

　支間が増すと，荷重が一定ならば曲げモーメントは増加する．ただし，せん断力は一定である．また，プレートガーダーにH形鋼を用いた場合のフランジは，曲げ応力度 σ_c（σ_t）を受ける．腹板は，せん断応力度 τ_{max} を受ける．支間の増大に従って曲げモーメントは大きくなるが，せん断力は一定，すなわち，腹板は孔を空けても十分安全であり，かつ経済的構造物となる．ここにトラスにする意義がある．

---

4 影響線による主構の応力解析

計算能率に影響する影響線

> 移動させても
> すぐに手ごたえあり

複雑に移動・変化する荷重から，部材に作用している部材力を求めるためには影響線を用いると便利である．

主構に作用する荷重を求める場合は，**図 5・15** に示すように，L 荷重と床版や鋼重などの死荷重を作用させる．L 荷重は求める主構に最も不利となるように荷重配置をとる．次に主構に作用する荷重より，上弦材，下弦材，斜材の各部材軸力を求めていく．

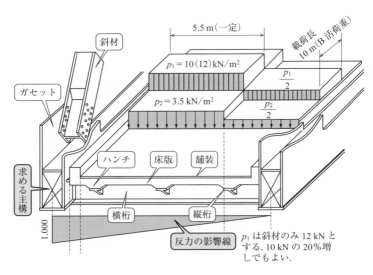

5.5 m（一定）

載荷長 10 m（B 活荷重）

$p_1 = 10(12)\,\mathrm{kN/m^2}$

$\dfrac{p_1}{2}$

$p_2 = 3.5\,\mathrm{kN/m^2}$

$\dfrac{p_2}{2}$

斜材

ガセット

求める主構

ハンチ　床版　舗装

横桁　縦桁

1.000

反力の影響線

p_1 は斜材のみ 12 kN とする．10 kN の 20% 増しでもよい．

図 5・15　影響線

主構に作用する
荷重 図 5・15 に示すように活荷重である L 荷重には，10 m 幅（B 活荷重の場合）の載荷長を有する．分布荷重 p_1 と全支間長に載荷する分布荷重 p_2 がある．

L 荷重の載荷は，求めている主構への作用荷重が最大となるように，5.5 m 幅の p_1 と p_2 を主構側に寄せ，残りの幅には p_1 の 2 分の 1 および p_2 の 2 分の 1 を載荷させる．死荷重は，床版，舗装，地覆，鋼重，ハンチなどがあるが，いずれも重量を想定して算出する．特に，ハンチ，高欄，鋼重は，ここでは一括して 3.4 kN/m^2 とし，主構間隔を乗じて，半分ずつ分担する．その他の荷重の組合せとして地震の影響，温度変化の影響，雪荷重など想定されるすべての組合せに対して算出すべきであるが，本書では表 1・7 の作用の組合せ②を用い活荷重と死荷重について取り上げる．

影響線の描き方は，作用力を求める主構側の下に 1.000 をとり，反対側の主構下に 0.000 をとる．単純ばりの反力の影響線（I.L：Influence.Line）を描く．影響線で，求めた活荷重と死荷重の分布荷重について，荷重組合せ係数 γ_p，荷重係数 γ_q を乗じて，各部材の部材力算定影響線に載荷する．

衝撃係数を求める式の支間は斜材（端柱除く）では 75% としなくてはならない（一般に腹材である斜材は移動荷重による相反応力が作用するし振動が伴う）．衝撃係数の式は，

$$i = \frac{20}{50+l} \quad \text{（弦材・端柱）}$$

$$i = \frac{20}{50+l \times 0.75} \quad \text{（斜材）}$$ → H29 道橋示 I-8-3

図 5・16 より，死荷重・活荷重（衝撃の影響含む）の分布荷重を求める．

1 死荷重 w_d

舗装	$0.05 \times 22.5 \times (3.358 + 0.343)$	= 4.1636
床版	$0.23 \times 24.5 \times (3.358 + 0.343)$	= 20.8551
地覆	$0.3 \times 0.4 \times 24.5 \times (0.948 + 0.052)$	= 2.9400
ハンチ，高欄，鋼重 3.4（仮定）$\times 8.6 / 2$		= 14.6200

$$w_d' = 42.5787 \text{ kN/m}$$

死荷重は，$\gamma_p = 1.00$，$\gamma_q = 1.05$ より，

$$w_d = \gamma_p \cdot \gamma_q \cdot w_d' = 1.00 \times 1.05 \times 42.5787 = 44.71 \text{ kN/m}$$

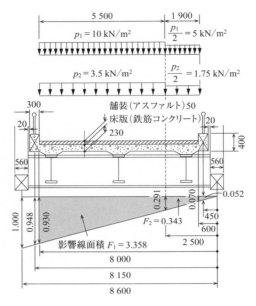

図 5・16 主構に作用する分布荷重

以下に影響線に載荷する部材ごとの活荷重を示す.

2 活荷重 P_{02}

■ 弦材・端柱の載荷

$$p_{02}' = p_2 \cdot F_1 + \frac{p_2}{2} \cdot F_2 = 3.5 \times 3.358 + 1.75 \times 0.343 = 12.3533 \text{ kN/m}$$

弦材・端柱の衝撃係数 $i = 20 / (50 + l) = 20 / (50 + 77) = 0.157$

$$p_{02}'' = p_{02}' \cdot (1 + i) = 12.3533 \times (1 + 0.157) = 14.293 \text{ kN/m}$$

活荷重は, $\gamma_p = 1.00$, $\gamma_q = 1.25$ より,

$\therefore p_{02} = \gamma_p \cdot \gamma_q \cdot p_{02}'' = 1.00 \times 1.25 \times 14.293 = 17.87 \text{ kN/m}$

■ 斜材載荷

斜材の衝撃係数 $i = 20 / (50 + l \times 0.75) = 20 / (50 + 77 \times 0.75) = 0.186$

$$p_{02}'' = p_{02}' \cdot (1 + i) = 12.3533 \times (1 + 0.186) = 14.651 \text{ kN/m}$$

活荷重は, $\gamma_p = 1.00$, $\gamma_q = 1.25$ より,

$\therefore p_{02} = \gamma_p \cdot \gamma_q \cdot p_{02}'' = 1.00 \times 1.25 \times 14.651 = 18.31 \text{ kN/m}$

3 活荷重 P_{01}

■ 弦材・端柱載荷

$$p_{01}{}' = p_1 \cdot F_1 + \frac{p_1}{2} \cdot F_2 = 10 \times 3.358 + 5 \times 0.343 = 35.2950 \text{ kN/m}$$

弦材・端柱の衝撃係数 $i = 20 / (50 + l) = 20 / (50 + 77) = 0.157$

$$p_{01}{}'' = p_{01}{}' \cdot (1 + i) = 35.2950 \times (1 + 0.157) = 40.836 \text{ kN/m}$$

活荷重は，$\gamma_p = 1.00$，$\gamma_q = 1.25$ より，

$$\therefore \ p_{01} = \gamma_p \cdot \gamma_q \cdot p_{01}{}'' = 1.00 \times 1.25 \times 40.836 = 51.05 \text{ kN/m}$$

■ 斜材載荷

斜材の衝撃係数 $i = 20 / (50 + l \times 0.75) = 20 / (50 + 77 \times 0.75) = 0.186$

$$p_{01}{}'' = p_{01}{}' \cdot (1 + i) = 35.2950 \times (1 + 0.186) = 41.860 \text{ kN/m}$$

活荷重は，$\gamma_p = 1.00$，$\gamma_q = 1.25$ より，

$$\therefore \ p_{01} = \gamma_p \cdot \gamma_q \cdot p_{01}{}'' = 1.00 \times 1.25 \times 41.860 = 52.33 \text{ kN/m}$$

上弦材に作用する部材力

断面法によるトラスの部材力の式で，上弦材 U は

$$U = -M / h \tag{5・1}$$

で与えられる．すなわち，**図 5・17** に示す単純ばりの C 点の曲げモーメントの影響線を，主構高さ h で除することで，**図 5・18** に示すように上弦材 U の影響線を描ける．

以上のように，上弦材の影響線を描き，図 5・17 のようにその荷重 P 下の縦

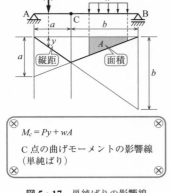

$M_c = Py + wA$

C 点の曲げモーメントの影響線
（単純ばり）

図 5・17 単純ばりの影響線

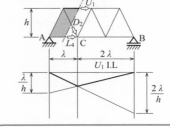

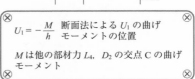

$U_1 = -\dfrac{M}{h}$ 断面法による U_1 の曲げモーメントの位置

M は他の部材力 L_4，D_2 の交点 C の曲げモーメント

図 5・18 トラス上弦材の影響線

距yや等分布荷重w下の影響線の面積を求めて集中荷重Pや分布荷重wを乗じて，その部材力を求めることができる．

次に**図5・19**に示す上弦材の部材力U_1，U_2を求める．本書では，他の上弦材は省略する．

$$U_1 = -\left\{\left(p_{01} \times \frac{610\lambda}{77h} + p_{02} \times \frac{3\lambda^2}{h}\right) + w_d \times \frac{3\lambda^2}{h}\right\} \quad (5\cdot2)$$

$$= -\left\{\left(51.05 \times \frac{610 \times 11}{77 \times 10} + 17.87 \times \frac{3 \times 11^2}{10}\right) + 44.71 \times \frac{3 \times 11^2}{10}\right\} = -2\,717\ \text{kN}(圧縮材)$$

$$U_2 = -\left\{\left(p_{01} \times \frac{1\,000\lambda}{77h} + p_{02} \times \frac{5\lambda^2}{h}\right) + w_d \times \frac{5\lambda^2}{h}\right\} \quad (5\cdot3)$$

$$= -\left\{\left(51.05 \times \frac{1\,000 \times 11}{77 \times 10} + 17.87 \times \frac{5 \times 11^2}{10}\right) + 44.71 \times \frac{5 \times 11^2}{10}\right\} = -4\,515\ \text{kN}(圧縮材)$$

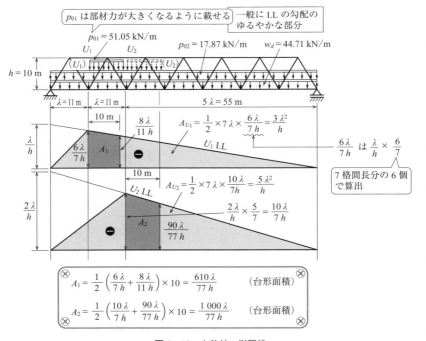

図5・19　上弦材の影響線

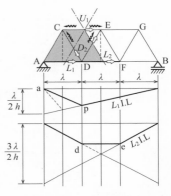

図5・20　下弦材の影響線

下弦材に作用する部材力

断面法によるトラスの部材力の公式のうち，下弦材 L_1 は次式で与えられる.

$$L = + \frac{M}{h} \tag{5・4}$$

すなわち，ある点の曲げモーメント M を主構高さ h で除して求める．下弦材の影響線は，**図5・20** に示すように，単純ばりの曲げモーメントの影響線を h で除したものを描けばよい．D_2 と U_1 の交点格点 C の曲げモーメントは，図5・20 に示すように，下路橋のため，点 AD 間の間接荷重となる．すなわち，影響線 L_1 I.L 中の ap を結んだものとなる．L_2 I.L では，E 点の曲げモーメントとなるが，de を結んだものとなる.

以上のように下弦材の影響線を描き，集中荷重ではその縦距に，等分布荷重では直下の面積を求めて集中荷重や分布荷重を乗ずることで，作用力を求めることができる．活荷重による衝撃係数や荷重係数等は上弦材と同様に活荷重の分布荷重に入っている．以下，下弦材の部材力の具体例を示す.

図5・21 に示す下弦材の部材力 L_1，L_2 を求める.

次に，各部材力の影響線の面積を求め，w_d，p_{01}，p_{02} に乗じて L_1，L_2 を求める．各等分布荷重には荷重係数等は乗じている．本書では他の下弦材は省略する.

図5・21 において，p_{01} の載荷位置は，L_1 を求めるときは B_1 付近上，L_2 を求めるときは B_2 付近上に移動させて最大値となるよう載荷する.

$$L_1 = \left\{ \left(p_{01} \times \frac{305\lambda}{77h} + p_{02} \times \frac{3\lambda^2}{2h} \right) + w_d \times \frac{3\lambda^2}{2h} \right\} \tag{5・5}$$

$$= \left\{ \left(51.05 \times \frac{305 \times 11}{77 \times 10} + 17.87 \times \frac{3 \times 11^2}{2 \times 10} \right) + 44.71 \times \frac{3 \times 11^2}{2 \times 10} \right\}$$

$$= 1\,358\ \text{kN} \quad （引張材）$$

$$L_2 = \left\{ \left(p_{01} \times \frac{750\lambda}{77h} + p_{02} \times \frac{4\lambda^2}{h} \right) + w_d \times \frac{4\lambda^2}{h} \right\} \tag{5・6}$$

$$= \left\{ \left(51.05 \times \frac{750 \times 11}{77 \times 10} + 17.87 \times \frac{4 \times 11^2}{10} \right) + 44.71 \times \frac{4 \times 11^2}{10} \right\}$$

$$= 3\ 576 \text{ kN} \qquad （引張材）$$

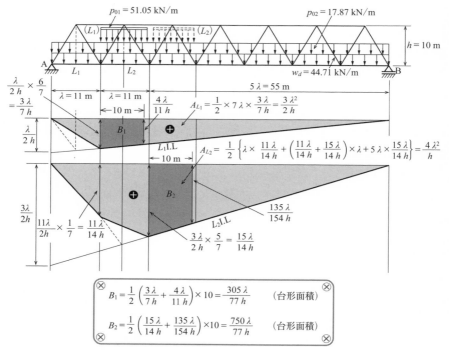

図 5・21　下弦材の影響線

斜材に作用する部材力

断面法によるトラスの部材力の公式のうち，斜材 D は次式で与えられる．

$$D = \mp \frac{s}{\sin\theta} \tag{5・7}$$

トラスの格点を通しての荷重の流れから，**図 5・22** に示すように，**間接荷重**

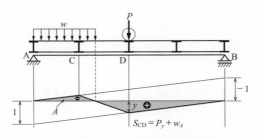

図 5・22 間接荷重のせん断力の影響線

の作用する単純ばりの **CD 間のせん断力の影響線**を用いることで応力解析ができる. **図 5・23** において, D_2 の部材力を求めるには, DF 間の間接荷重によるせん断力の影響線を**式(5・7)** より, $\sin\theta$ で除して求める. すなわち D_3 は D_2 と異符合となり, 絶対値は等しい.

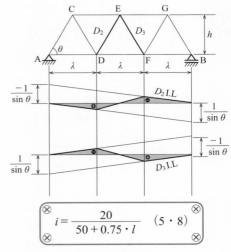

図 5・23 斜材の影響線

以上のように斜材の影響線を描き, その縦距 y や面積 A を求めて, 集中荷重 P や分布荷重 w を乗じて, その部材力を求めることができる. また, 衝撃係数は弦材とは異なり, **式(5・8)** のように**支間の 75%** とする. しかし, 同じ斜材であるが, **端柱は弦材と同じとする.**

さらに, 斜材の設計に用いる**等分布荷重 p_{01} は, せん断力を算出する場合には 1.2 倍**にする. ただし p_{02} は, 衝撃係数の支間を 75% にするので, 弦材とは異なる値となる. これは, 斜材が交番応力や相反応力の作用で衝撃の影響が特に大きくなるためである.

図 5・24 に示す斜材の部材力 $D_1 \sim D_4$ まで解く.

部材に作用させる等分布荷重 p_{01} を斜材 (せん断力) で用いる場合は, 端柱も含め 1.2 倍する. p_{02} は 1.2 倍せずそのままとする. 端柱 D_1 以外の $D_2 \sim D_4$ は衝撃係数が異なるので, 端柱と斜材の p_{01}, p_{02} はそれぞれ次の通りである.

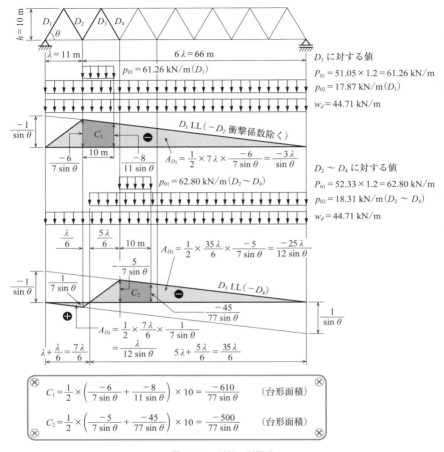

図 5・24　斜材の影響線

- 端柱 D_1 は，$p_{01} = 51.05 \times 1.2 = 61.26$ kN/m と $p_{02} = 17.87$ kN/m
- 斜材 $D_2 \sim D_4$ は，$p_{01} = 52.33 \times 1.2 = 62.80$ kN/m
- $w_d = 44.71$ kN/m はすべて同じ．
- 斜材の部材長 $b = \sqrt{5.5^2 + 10^2} = 11.413$ m
- $\sin \theta = 10 / 11.413 = 0.876$

$$D_1 = \left\{ \left(p_{01} \times \frac{-610}{77 \times \sin\theta} + p_{02} \times \frac{-3\lambda}{\sin\theta} \right) + w_d \times \frac{-3\lambda}{\sin\theta} \right\} \quad （端柱） \tag{5・9}$$

$$= \left\{ \left(61.26 \times \frac{-610}{77 \times 0.876} + 17.87 \times \frac{-3 \times 11}{0.876} \right) + 44.71 \times \frac{-3 \times 11}{0.876} \right\}$$

$$= -2\,911 \text{ kN} \quad （圧縮材）$$

$$D_2 = \left\{ \left(p_{01} \times \frac{610}{77 \times \sin\theta} + p_{02} \times \frac{3\lambda}{\sin\theta} \right) + w_d \times \frac{3\lambda}{\sin\theta} \right\} \tag{5・10}$$

$$= \left\{ \left(62.80 \times \frac{610}{77 \times 0.876} + 18.31 \times \frac{3 \times 11}{0.876} \right) + 44.71 \times \frac{3 \times 11}{0.876} \right\}$$

$$= 2\,942 \text{ kN/m} \quad （引張材）$$

$$D_3 = \left\{ \left(p_{01} \times \frac{-500}{77 \times \sin\theta} + p_{02} \times \frac{-25\lambda}{12 \times \sin\theta} \right) + w_d \times \left(\frac{-25 \times \lambda}{12 \times \sin\theta} + \frac{\lambda}{2 \times \sin\theta} \right) \right\} \tag{5・11}$$

$$= \left\{ \left(62.80 \times \frac{-500}{77 \times 0.876} + 18.31 \times \frac{-25 \times 11}{12 \times 0.876} \right) + 44.71 \times \left(\frac{-25 \times 11}{12 \times 0.876} + \frac{11}{12 \times 0.876} \right) \right\}$$

$$= -2\,067 \text{ kN} \quad （圧縮材）$$

$$D_4 = 2\,067 \text{ kN} \quad （引張材）$$

　部材力が求まったならば，**図 5・25** に示すようなダイヤグラムを描き，検証したり大局的に俯瞰し，ミスの発見に役立てる．

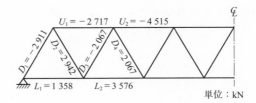

図 5・25　ダイヤグラム

5 上弦材の設計

押すも押される上弦材

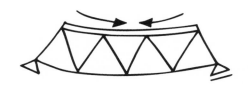

必要断面積

　　トラスの部材力は軸方向力であり各部材が弾性応答（弾性限界）を超えずトラス構造全体として安定である場合には限界状態1を超えない．圧縮力では座屈に面外変形が生じる状態を限界状態3とする．また，引張りに対しては鋼材の降伏強度を過ぎ最大強度に達する状態を降伏状態3とする．　　　　　**➡ H29 道橋示 II-15-7**

　引張りに対しては純断面積も配慮する必要がある．必要断面積 A' を求めるには，算出された軸方向力 N より，引張降伏強度の特性値 σ_{yk} を用いて**式(5・12)**により仮定する．

$$A' = \frac{N}{0.4\sigma_{yk}} \tag{5・12}$$

使用断面形と寸法の仮定

　　上弦材の断面形は，**図5・26**に示すように，圧縮部材であるので箱形が用いられる．この箱形の高さ H の仮定にはシャパーの式が用いられる．シャパーの式の適用にあたって，高強度の鋼材の出現により，**式(5・13)**のように7から9割程度の係数を乗じている．ここでは8割とする．

$$H = \left\{ \frac{l}{100} - \frac{l^2}{(4.0 \times 10^7)} \right\} \times 0.8 \tag{5・13}$$

| H：弦材高〔mm〕 |
| l：支間〔mm〕 |

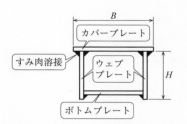

図 5・26　上弦材の断面形

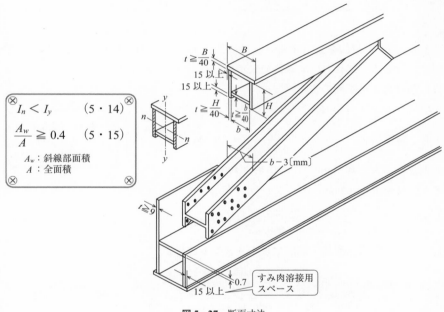

$$I_n < I_y \qquad (5 \cdot 14)$$

$$\frac{A_w}{A} \geqq 0.4 \qquad (5 \cdot 15)$$

A_w：斜線部面積
A：全面積

図 5・27　断面寸法

　上弦材の高さが仮定できたら，上弦材幅 B は H の 15% 増に仮定する（概略設計で仮定済）．必要断面積は式(5・12)から求め，**図 5・27** により下弦材，斜材の板厚や突出長を含め形状を仮定していく．

> **上弦材の設計
> の流れ**

概略設計等で定めた H，B の外形寸法より，板厚を仮定していく．流れは概ね次の通りである．本書では耐久性能・その他の性能は省略する．U_1 について具体例を示す．U_2 は省略する．

U_1 より
必要断面積 A' → 断面周長より板厚 $t=A'/\{(B+H)2\}$ → 断面決定 → 図心計算 → 腹板断面比 $A_w/A \geqq 0.4$ →

→ 断面二次モーメント I_n $I_n < I_y$ → 断面二次半径 r → 細長比 $\lambda \leqq 120$ ($\lambda =$ 弦長/r) → 耐荷性能の限界状態 1, 3 の照査

上弦材 U_1 の断面を設計する．設計条件は 182 ページの通りとする．以下の手順で設計する（部材力は絶対値で表示する）．

(1) 部材力より断面の決定

- 部材力 $U_1 = 2\,717\ \text{kN} = 2.717 \times 10^6\ \text{N}$

- 必要断面積 $A' = \dfrac{U_1}{0.4\sigma_{yk}} = \dfrac{2.717 \times 10^6}{0.4 \times 235} = 28\,904\ \text{mm}^2$

> σ_{yk}：鋼材の降伏強度の特性値〔N/mm²〕
> ➡表 1・3 参照

- 上弦材高 $H = 497\ \text{mm}$ 　　∴ $H = 490\ \text{mm}$

- 上弦材幅 $B = 560\ \text{mm}$

- 板厚 $t = \dfrac{A'}{(H+B) \times 2} = \dfrac{28\,904}{(490+560) \times 2} = 13.8\ \text{mm}$ 　　∴ $t = 14\ \text{mm}$

(2) 図心・腹板断面比・断面二次モーメントの計算

表 5・1　U_1 の断面二次モーメントの計算

	$b \cdot h$	A	y	$A \cdot y$	$A \cdot y^2$	$b \cdot h^3/12$	I_x	I_y
1-covpl	560×14	7 840	252	1 975 680	497 871 360	$560 \times 14^3/12$ $= 128\,053$	497 999 413	$14 \times 560^3/12$ $= 204\,885\,333$
2-webpl	$2 \times 14 \times 490$	13 720	0	0	0	$2 \times 14 \times 490^3/12$ $= 274\,514\,333$	274 514 333	$2 \times (6\,860 \times 252^2$ $+ 490 \times 14^3/12)$ $= 871\,498\,973$
1-bottpl	490×14	6 860	-223	$-1\,529\,780$	341 140 940	$490 \times 14^3/12$ $= 112\,047$	341 252 987	$14 \times 490^3/12$ $= 137\,257\,166$
計		28 420		445 900	839 012 300	274 754 433	1 113 766 733	1 213 641 472

注 1-covpl：1 枚のカバープレート，2-webpl：2 枚のウエブプレート，1-bottpl：1 枚のボトムプレート

❶ 中立軸の位置 y_o

断面は**図 5・28** のように定める．図心を通過する中立軸の位置を y_o とすると，

$$y_o = \frac{\Sigma A \cdot y}{\Sigma A} = \frac{445\,900}{28\,420} = 15.7 \text{ mm}$$

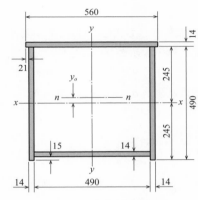

図 5・28　上弦材 U_1 断面決定

❷ 中立軸に関する断面二次モーメント I_n

中立軸の位置を y_o と I_x より求める．

$$\begin{aligned}
I_n &= I_x - A y_o{}^2 \\
&= 1\,113\,766\,733 - 28\,420 \times 15.7^2 \\
&= 1\,106\,761\,487 \text{ mm}^4 \\
&= 1.107 \times 10^9 \text{ mm}^4
\end{aligned}$$

❸ $I_n < I_y$ の検討

式 (5・14) より，

$$I_y = 1\,213\,641\,472 = 1.214 \times 10^9$$
$$I_n = 1.107 \times 10^9 \text{ mm}^4$$
$$I_y = 1.214 \times 10^9 > I_n = 1.107 \times 10^9$$

$\therefore$ OK

4 腹板断面積比 $A_w / A > 0.4$

式 $(5 \cdot 15)$ より，

$$\frac{A_w}{A} = \frac{13\ 720\ \text{mm}^2}{28\ 420\ \text{mm}^2} = 0.48 > 0.4$$

∴　40% 以上で安全

(3) 耐荷性能の照査

軸方向圧縮力を受ける部材として式 $(2 \cdot 11)$ により限界状態 3 を超えないことを確認する．同時に限界状態 1 も超えないことになる．

➡ H29 道橋示 II-5-3-4，H29 道橋示 II-5-4-4

軸方向圧縮応力度の制限値 $\sigma_{cud} = \zeta_1 \cdot \zeta_2 \cdot \Phi_U \cdot \rho_{crg} \cdot \rho_{crl} \cdot \sigma_{yk} \geqq \sigma_c = U_1 / S$

1 部材の断面二次半径 r

$$r = \sqrt{\frac{l_n}{A}} = \sqrt{\frac{1.107 \times 10^9}{28\ 420}} = 197\ \text{mm}$$

$$\text{細長比}\ \lambda = \frac{\text{弦長}}{r} = \frac{11\ 000}{197} = 56 < 120 \qquad (\text{圧縮主要部材})$$

∴　安全
➡ H29 道橋示 II-5-2-2

弦材の格点は自由回転，すなわちヒンジ支点で有効長は弦長となる．

2 格点の二次応力の検討

弦材高 H と有効長 l の比が，$\dfrac{1}{10}$ 未満なら安全である．

$$\frac{H}{l} < \frac{1}{10} \tag{5·16}$$

$$\frac{490}{11\ 000} = \frac{1}{22} < \frac{1}{10}$$

∴　安全

3 細長比パラメータ $\bar{\lambda}$

$$\bar{\lambda} = \frac{1}{\pi} \cdot \sqrt{\frac{\sigma_{yk}}{E}} \cdot \frac{l}{r}$$

$$= \frac{1}{\pi} \times \sqrt{\frac{235}{2.0 \times 10^5}} \times \frac{11\ 000}{197} = 0.60$$

表 2・6 より，$0.2 < \overline{\lambda} \leqq 1.0$ なので，

$\rho_{crg} = 1.059 - 0.258\,\overline{\lambda} - 0.19\overline{\lambda}^2$

$\qquad = 1.059 - 0.258 \times 0.60 - 0.19 \times 0.60^2 = 0.84$

4 幅厚比パラメータ R

$R = \dfrac{b}{t} \cdot \sqrt{\dfrac{\sigma_{yk}}{E} \cdot \dfrac{12(1-\mu^2)}{\pi^2 \cdot k}}$

$\quad = \dfrac{490}{14} \times \sqrt{\dfrac{235}{200\ 000} \times \dfrac{12 \times (1-0.3^2)}{\pi^2 \times 4.0}} = 0.63$

式 (2・10) より，$0.7 > R = 0.63$ なので，$\rho_{crl} = 1.00$

$\sigma_{cud} = \xi_1 \cdot \xi_2 \cdot \varPhi_U \cdot \rho_{crg} \cdot \rho_{crl} \cdot \sigma_{yk}$

$\qquad = 0.90 \times 1.00 \times 0.85 \times 0.84 \times 1.00 \times 235 = 151\ \mathrm{N/mm^2}$

$\sigma_c = U_1 / S$

$\quad = 2.717 \times 10^6 / 28\ 420 = 95.6\ \mathrm{N/mm^2}$

$\sigma_{cud} = 151\ \mathrm{N/mm^2} \geqq \sigma_c = 95.6\ \mathrm{N/mm^2}$

∴ 限界状態 3 を超えない．したがって，限界状態 1 も超えない．

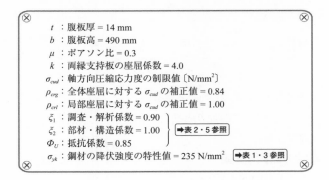

t ：腹板厚 = 14 mm
b ：腹板高 = 490 mm
μ ：ポアソン比 = 0.3
k ：両縁支持板の座屈係数 = 4.0
σ_{cud}：軸方向圧縮応力度の制限値〔N/mm²〕
ρ_{crg}：全体座屈に対する σ_{cud} の補正値 = 0.84
ρ_{crl}：局部座屈に対する σ_{cud} の補正値 = 1.00
ξ_1 ：調査・解析係数 = 0.90 ⎫
ξ_2 ：部材・構造係数 = 1.00 ⎬ ➡表 2・5 参照
$\varPhi_U$：抵抗係数 = 0.85 ⎭
σ_{yk}：鋼材の降伏強度の特性値 = 235 N/mm² ➡表 1・3 参照

6 下弦材の設計

常に引く謙虚な心

> **下弦材の設計**
> **の流れ**

下弦材は引張部材として設計する．設計の流れとしては以下の流れに沿って行う．連結部ではハンドホールの損失面積や純断面積を配慮し，板厚を増加するなどの方法がとられる．本書では耐久性能・その他の性能は省略する．また L_2 は省略する．以下に具体例を示す．

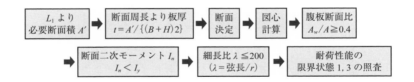

影響線で求めた下弦材 L_1 の断面を設計する．設計条件は182ページの通りとする．以下の手順で設計する．

(1) 部材力 L_1 より断面の決定

部材力 $L_1 = 1\,358$ kN $= 1.358 \times 10^6$ N

必要断面積 $A' = \dfrac{L_1}{0.4\sigma_{yk}}$

$= \dfrac{1.358 \times 10^6}{0.4 \times 235}$

$= 14\,447$ mm^2

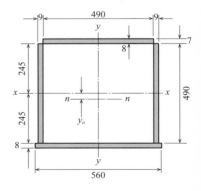

図 5・29 下弦材 L_1 断面

断面の幅 B，高さ（腹板）H は，各部材を接合するガセットと共用することが多く，B, H は上弦材と同様とする．したがって，板厚 t を変化させる．なお，ガセットの最小板厚は 9 mm となっている．

→ H29 道橋示 II-15-3-2

$$板厚 \ t = \frac{A'}{(H+B)\cdot 2} = \frac{14\ 447}{(490+560)\times 2} = 6.8 \ \text{mm}$$

∴ 腹板はガセット最小厚 $t = 9$ mm，上下板は板厚制限より $t = 8$ mm とする．

断面は図 5・29 に示す通りである．

（2）図心・腹板断面比・断面二次モーメントの計算

表 5・2 L_1 の断面二次モーメントの計算

	$b \cdot h$	A	y	$A \cdot y$	$A \cdot y^2$	$b \cdot h^3/12$	I_x	I_y
1-covpl	490×8	3 920	249	976 080	243 043 920	$490 \times 8^3/12$ $= 20\ 907$	243 064 827	$8 \times 490^3/12$ $= 78\ 432\ 667$
2-webpl	2×9 $\times 490$	8 820	0	0	0	$2 \times 9 \times 490^3/12$ $= 176\ 473\ 500$	176 473 500	$2 \times (4\ 410 \times 249.5^2$ $+ 490 \times 9^3/12)$ $= 549\ 106\ 740$
1-bottpl	560×8	4 480	-249	$-1\ 115\ 520$	277 764 480	$560 \times 8^3/12$ $= 23\ 893$	277 794 373	$8 \times 560^3/12$ $= 117\ 077\ 333$
計		17 220		$-139\ 440$	520 808 400	176 518 300	697 332 700	744 616 740

1 図心計算

図 5・29 のように定め，各軸の断面二次モーメントを求める．

■ 中立軸の位置 y_o

$$y_o = \frac{\Sigma A \cdot y_o}{\Sigma A} = -\frac{139\ 440}{17\ 220} = -8.1 \ \text{mm}$$

■ 中立軸に関する断面二次モーメント I_n

$$I_n = I_x - A \cdot y_o^2 = 697\ 332\ 700 - 17\ 220 \times (-8.1)^2$$
$$= 696\ 202\ 896 \ \text{mm}^4 = 6.9620 \times 10^8 \ \text{mm}^4$$

2 $I_n < I_y$ の検討

$$I_y = 744\ 616\ 740 = 7.4462 \times 10^8 \ \text{mm}^4$$
$$I_y = 7.4462 \times 10^8 > I_n = 6.9620 \times 10^8$$

∴ 安全

③ 腹板断面比

$$\frac{A_w}{A} = \frac{8\,820}{17\,220} = 0.51 > 0.4$$

∴　40% 以上で安全

④ 断面二次半径

$$r = \sqrt{\frac{I_n}{A}} = \sqrt{\frac{6.9620 \times 10^8}{17\,220}} = 201 \text{ mm}$$

$$細長比　\lambda = \frac{弦長}{r} = \frac{11\,000}{201} = 55 \leqq 200$$

∴　安全

（3）　耐荷性能の照査

① **限界状態 1** による耐荷性能の照査は，式（2・3）による軸方向引張応力度の制限値 σ_{tyd} と L_1 により発生する応力度 σ_t が，$\sigma_{tyd} \geqq \sigma_t$ ならば限界状態 1 を超えない（σ_t の算出では純断面積を用いること．ここでは弦材の連結で行う）．

$$\begin{aligned}
\sigma_{tyd} &= \xi_1 \cdot \Phi_{yt} \cdot \sigma_{yk} \\
&= 0.90 \times 0.85 \times 235 \\
&= 179 \text{ N/mm}^2
\end{aligned}$$

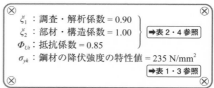

ξ_1 ：調査・解析係数 = 0.90 ⎫
Φ_{yt} ：抵抗係数 = 0.85 ⎭ ➡表 2・3 参照
σ_{yk} ：鋼材の降伏強度の特性値 = 235 N/mm²
➡表 1・3 参照

$$\sigma_t = \frac{L_1}{A} = \frac{1.358 \times 10^6}{17\,220} = 79 \text{ N/mm}^2$$

$$\sigma_{tyd} = 179 \text{ N/mm}^2 \geqq \sigma_t = 79 \text{ N/mm}^2$$

∴　限界状態 1 を超えない． 　　　　　　　　　　　　　➡ **H29 道橋示** II-5-3-5

② **限界状態 3** による耐荷性能の照査は，式（2・4）より制限値 $\sigma_{tud} \geqq \sigma_t$ ならば限界状態 3 を超えない．

$$\begin{aligned}
\sigma_{tud} &= \xi_1 \cdot \xi_2 \cdot \Phi_{Ut} \cdot \sigma_{yk} \\
&= 0.90 \times 1.00 \times 0.85 \times 235 \\
&= 179 \text{ N/mm}^2
\end{aligned}$$

ξ_1 ：調査・解析係数 = 0.90 ⎫
ξ_2 ：部材・構造係数 = 1.00 ⎬ ➡表 2・4 参照
Φ_{Ut} ：抵抗係数 = 0.85 ⎭
σ_{yk} ：鋼材の降伏強度の特性値 = 235 N/mm²
➡表 1・3 参照

$$\sigma_{tud} = 179 \text{ N/mm}^2 \geqq \sigma_t = 79 \text{ N/mm}^2$$

∴　限界状態 3 を超えない． 　　　　　　　　　　　　　➡ **H29 道橋示** II-5-4-5

Coffee Break ちょっとスッキリ！！
なぜ引張部材は限界状態1と3の照査か？

示方書では，圧縮部材の限界状態3の照査で限界状態1も成立する．ところが引張部材の照査では，限界状態1と3についての検討が必要とされている．

引張部材は，もっぱら降伏点強度付近で軸方向変位に非線形性（塑性化）が生じはじめ可逆性（元に戻ること）を失う．この状態を限界状態1とし，その後，引張強さに至り破壊するが，直前の耐荷力がまだある限界を限界状態3としている．

しかし，限界状態3を引張強さで保証するには，次は破断という危険が伴うので，降伏点の強さにより耐荷力を失う限界状態3を定めている．すなわち限界状態1と3の照査が必要である．

ところが，圧縮部材では，軸方向変位の前に座屈や面外変位が生じ，耐荷力を失う．まさに限界状態1を配慮しての限界状態3となっているので，限界状態1も同時に成立するとしている．

7 斜材の設計

頭を下げて謝罪の心

> **斜材の設計**

　図 **5・30** に示すように，斜材には，引張材として D_2 と D_4，圧縮材として D_3 と端柱 D_1 がある．移動荷重の位置によっては相反応力や交番応力が作用するので，耐久性能の照査では配慮を要す．本節では耐久性能の照査は省略する．また，端柱 D_1 については上弦材も含めた横風（他に地震の影響などがあるが省略）による曲げモーメントと軸方向力の合成応力での照査をする．

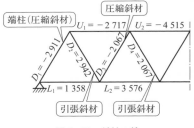

図 **5・30**　斜材の種

(1) 端柱 D_1 の軸方向力に対する設計

　設計手順は U_1 と同様，次の流れにより設計する．

■ 以下の条件で端柱 D_1 の部材断面を設計

　端柱 D_1 の部材力 $D_1 = -2\,911$ kN $= 2.911 \times 10^6$ N（絶対値表示）の断面を設計する．設計条件は 182 ページの通りとする．

② 部材力 D_1 より断面の決定

　　　部材力 $D_1 = 2.911 \times 10^6$ N　　（圧縮材）

必要断面積 $A' = \dfrac{D_1}{0.4\sigma_{yk}}$

$\otimes$ σ_{yk}：鋼材の降伏強度の特性値〔N/mm^2〕
（SM100 ➡ 235 N/mm^2）　→表1・3参照
$\otimes$　　　　　　　　　　　　　　　　　　　$\otimes$

$\qquad\qquad = \dfrac{2.911\times10^6}{0.4\times235}$

$\qquad\qquad = 30\ 968\ \text{mm}^2$

断面の幅 B，高さ（腹板）H は上弦材と同様とする．したがって，板厚 t を変化させる．なお，ガセットの最小板厚は 9 mm である．

■ **板厚**

$\qquad t = \dfrac{A'}{(H+B)\times2} = \dfrac{30\ 968}{(490+560)\times2} = 14.7\ \text{mm}$

よって $t = 14.7$ mm としたいが，端柱として横力を考慮し，$t = 15$ mm とする．断面は**図5・31**に示す通り，断面二次モーメントは**表5・3**の通りである．

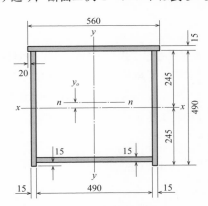

図5・31 端柱 D_1 断面

表5・3 D_1 の断面二次モーメントの計算

	$b \cdot h$	A	y	$A \cdot y$	$A \cdot y^2$	$b \cdot h^3/12$	I_x	I_y
1-covpl	560 × 15	8 400	252.5	2 121 000	535 552 500	560 × 15^3/12 = 157 500	535 710 000	15 × 560^3/12 = 219 520 000
2-webpl	2 × 15 × 490	14 700	0	0	0	2 × 15 × 490^3/12 = 294 122 500	294 122 500	2 × (7 350 × 252.5^2 + 490 × 15^3/12) =937 354 687
1-bottpl	490 × 15	7 350	− 222.5	− 1 635 375	363 870 938	490 × 15^3/12 = 137 812	364 008 750	15 × 490^3/12 =147 061 250
計		30 450		485 625	899 423 438	294 417 812	1 193 841 250	1 303 935 937

■ **図心の位置**

$$y_o = \Sigma A \cdot y / A = 485\ 625 / 30\ 450 = 15.9\ \text{mm}$$

■ **中立軸に関する断面二次モーメント I_n**

$$I_n = I_x - Ay_o^2 = 1\ 193\ 841\ 250 - 30\ 450 \times 15.9^2$$
$$= 1\ 186\ 143\ 186\ \text{mm}^4 = 1.186 \times 10^9\ \text{mm}^4$$

■ **強軸 I_y ＞弱軸 I_n の検討**

$$I_y = 1\ 303\ 935\ 937 = 1.304 \times 10^9\ \text{mm}^4$$
$$I_y = 1.304 \times 10^9\ \text{mm}^4 > I_n = 1.186 \times 10^9\ \text{mm}^4$$

∴　OK

■ **腹板断面比**

$$\frac{A_w}{A} = \frac{14\ 700}{30\ 450} = 0.48 > 0.4$$

∴　40％ 以上で安全

3 **耐荷性能の照査**

　軸方向圧縮力を受ける部材として式（2・11）により限界状態 3 を超えないことを確認する．同時に限界状態 1 も超えないことになる．

➡ H29 道橋示 II-5-3-4，H29 道橋示 II-5-4-4

　　　軸方向圧縮応力度の制限値 $\sigma_{cud} = \xi_1 \cdot \xi_2 \cdot \varPhi_U \cdot \rho_{crg} \cdot \rho_{crl} \cdot \sigma_{yk} \geqq \sigma_c = D_1 / A$

■ **部材の断面二次半径 r**

$$r = \sqrt{\frac{I_n}{A}} = \sqrt{\frac{1.186 \times 10^9}{30\ 450}} = 197\ \text{mm}$$

　　　細長比 $\lambda = \dfrac{弦長}{r} = \dfrac{11\ 413}{197} = 58 < 120$ 　　　（圧縮主要部材）

∴　安全 ➡ H29 道橋示 II-5-2-2

　弦材の格点は自由回転，すなわちヒンジ支点で有効長は弦長となる．

■ **格点の二次応力の検討**

　　　腹板高 / 部材長 = 490 / 11 413 = 1 / 23 < 1 / 10 　　　∴　OK

■ **細長比パラメータ $\bar{\lambda}$**

$$\bar{\lambda} = \frac{1}{\pi} \cdot \sqrt{\frac{\sigma_{yk}}{E}} \cdot \frac{l}{r} = \frac{1}{\pi} \times \sqrt{\frac{235}{2.0 \times 10^5}} \times \frac{11\ 413}{197} = 0.63$$

表 2・6 より，$0.2 < \bar{\lambda} \leqq 1.0$ なので，

$$\rho_{crg} = 1.059 - 0.258\bar{\lambda} - 0.19\bar{\lambda}^2$$
$$= 1.059 - 0.258 \times 0.63 - 0.19 \times 0.63^2 = 0.82$$

■ **幅厚比パラメータ R**

$$R = \frac{b}{t} \cdot \sqrt{\frac{\sigma_{yk}}{E} \cdot \frac{12(1-\mu^2)}{\pi^2 \cdot k}} = \frac{490}{15} \times \sqrt{\frac{235}{200\,000} \times \frac{12 \times (1-0.3^2)}{\pi^2 \times 4.0}} = 0.59$$

$t = 12$ mm, $b = 490$ mm, ポアソン比（鋼材）$\mu = 0.3$, 座屈係数（両縁支持板）$k = 4.0$
式 $(2 \cdot 10)$ より, $0.7 > R = 0.59$ なので, $\rho_{crl} = 1.00$

■ **限界状態 3 による照査**

σ_{cud} の部分係数を求める.

$$\sigma_{cud} = \xi_1 \cdot \xi_2 \cdot \Phi_U \cdot \rho_{crg} \cdot \rho_{crl} \cdot \sigma_{yk}$$
$$= 0.90 \times 1.00 \times 0.85 \times 0.82 \times 1.00 \times 235$$
$$= 147 \text{ N/mm}^2$$

$$\sigma_c = D_1 / A$$
$$= 2.911 \times 10^6 / 30\,450$$
$$= 96 \text{ N/mm}^2$$

$$\sigma_{cud} = 147 \text{ N/mm}^2 \geqq \sigma_c = 96 \text{ N/mm}^2$$

> ξ_1：調査・解析係数 = 0.90
> ξ_2：部材・構造係数 = 1.00　　**➡表 2・5 i) 参照**
> Φ_U：抵抗係数 = 0.85
> σ_{yk}：鋼材の降伏強度の
> 　　　特性値 = 235 N/mm²　**➡表 1・3 参照**

∴ 限界状態 3 と限界状態 1 を超えない.

(2) 端柱 D_1 の横風に対する設計

手順は次の通りである.

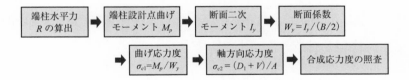

1 端柱水平力 R

図 5・32 に示すように，下路橋で活荷重載荷の場合，弦材高 H と主構の高さ h から，**式 (5・17)** により風荷重 w を求める．w が 3 kN/m より小さい場合は，$w = 3$ kN/m とする．図 5・32 に示す影響線により，端柱上端に作用する R を求める.

$$w = 1.25 \sqrt{h \cdot H} \geqq 3.0 \text{ kN/m} \qquad (5 \cdot 17)$$

> h：下弦材中心から
> 　　上弦材中心までの距離〔m〕

図 5・32 に示すトラス $U_1 \cdot D_1$ の交差する格点に作用する水平力 R を図 5・32 に示すトラス $U_1 \cdot D_1$ の交差する格点に作用する水平力 R を求める.

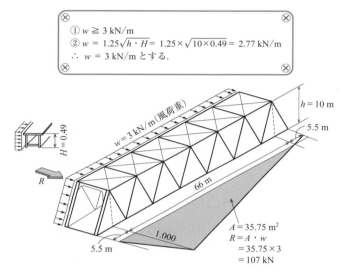

① $w \geqq 3$ kN/m
② $w = 1.25\sqrt{h \cdot H} = 1.25 \times \sqrt{10 \times 0.49} = 2.77$ kN/m
∴ $w = 3$ kN/m とする.

$h = 10$ m

$w = 3$ kN/m（風荷重）

$H = 0.49$

R

5.5 m

66 m

1.000

5.5 m

$A = 35.75$ m^2
$R = A \cdot w$
$= 35.75 \times 3$
$= 107$ kN

図 5・32　端柱水平力 R

式 (5・17) より風による分布荷重 $w = 1.25 \times \sqrt{10 \times 0.49} = 2.77$ kN/m $<$ 3 kN/m なので，$w = 3$ kN/m とする.

求める格点に「1.000」，他端の格点に「0.000」をとり，影響線面積 A を求める.

$$A = \frac{(66 + 5.5) \times 1.000}{2} = 35.75 \text{ m}^2$$

よって，水平力 $R = A \cdot w = 35.75 \times 3 = 107$ kN となる.

2 端柱

図 5・33 に示すように，端柱は横力 R を確実に二つの支点に伝えるために，端柱と上下弦材の交差する格点に橋門構桁や端横桁を設けた不静定矩形ラーメン構造である．しかし，通常は簡便なつり合い条件で解析するために，反曲点 S を設ける.

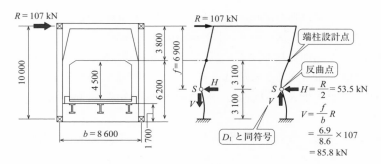

図5・33 橋門構と反曲点

　反曲点 S は，橋門構桁から路面までの（建築限界）の高さを 1/2 とする付近に任意に想定する．S 点において，$b \cdot V = f \cdot R$ なので，$V = f \cdot R / b$ となる．反曲点 S に作用する軸方向力は $D_1 + V$，曲げモーメント M_s は $R / 2 \times 3.1$ m となる．なお，本書では橋門構の断面は検討せず，端柱断面の耐荷力のみの照査を扱う．

　図5・33において反曲点 S に作用する曲げモーメントから求める．

■ **反曲点 S に作用する水平力 R による曲げモーメント M_s**

　R は二つの主構の Y 軸方向で抵抗するので，

$$M_s' = \frac{R}{2} \times 3.1 = \frac{107}{2} \times 3.1 = 166 \text{ kN} \cdot \text{m}$$

表1・7の⑧ D + WS より，荷重組合せ係数 $\rho_p = 1.00$，荷重係数 $\rho_q = 1.25$
よって作用効果は，

$$M_s = \rho_p \cdot \rho_q \cdot M_s' = 1.00 \times 1.25 \times 166 = 208 \text{ kN} \cdot \text{m} = 2.08 \times 10^8 \text{ N} \cdot \text{mm}$$

■ **反曲点 S に作用する水平力 R による垂直反力 V**

$$V = f \cdot R / b = 6\,900 \times 107 / 8\,600 = 85.8 \text{ kN}$$

作用効果の係数は同様なので，

$$V = 1.00 \times 1.25 \times 85.8 = 107.3 \text{ kN} = 1.073 \times 10^5 \text{ N}$$

D_1 との合計軸力は，$D_1 + V = 2.911 \times 10^6 + 1.073 \times 10^5 = 3.018 \times 10^6 \text{ N}$

■ **圧縮応力度算出**

　曲げ強軸まわり σ_{cyd}，曲げ弱軸まわり σ_{czd}，軸方向 σ_{cd} を求める．

• 強軸まわりの断面二次モーメント $I_y = 1\,303\,935\,937$ mm^4
• 強軸まわりの断面係数 $W_y = I_y / (B / 2) = 1\,303\,935\,937 / 280 = 4\,656\,914$ mm^3

- 強軸まわりの曲げ応力度 $\sigma_{cyd} = M_s / W_y = 2.08 \times 10^8 / 4\,656\,914 = 44$ N/mm^2
- 弱軸まわりの断面二次モーメント $I_n = 1.107 \times 10^9$ mm^4
- 弱軸まわりの断面係数 $W_n = I_n / (244.1) = 1.186 \times 10^9 / 244.1 = 4\,858\,664$ mm^3
- 弱軸まわりの曲げ応力度 $\sigma_{czd} = M_s / W_n = 2.08 \times 10^8 / 4\,858\,664 = 42$ N/mm^2
- 軸方向圧縮応力度 $\sigma_{cd} = (D_1 + V) / A = 3.018 \times 10^6 / 30\,450 = 99$ N/mm^2

■ **各制限値**

局部座屈を考慮しない強軸と弱軸まわりの曲げ圧縮応力度の制限値 σ_{cuyd}, σ_{cuzd0} は，次式で求める曲げモーメントを受ける部材の曲げ圧縮応力度の制限値 σ_{cud} とする．

$$\sigma_{cud} = \xi_1 \cdot \xi_2 \cdot \Phi_U \cdot \rho_{brg} \cdot \sigma_{yk} \qquad \text{➡ H29 道橋示 II-5-4-6}$$

ρ_{brg} は箱形では 1.0 としてよい．σ_{yk} は SM400 では 235 N/mm^2，表 2・8 より $\xi_1 = 0.90$，$\xi_2 = 1.00$，$\Phi_U = 0.85$ なので，

$$\sigma_{cud} = \xi_1 \cdot \xi_2 \cdot \Phi_U \cdot \rho_{brg} \cdot \sigma_{yk}$$
$$= 0.90 \times 1.00 \times 0.85 \times 1.00 \times 235 = 180 \text{ N/mm}^2 \text{➡} \sigma_{cuyd},\ \sigma_{cuzd0}$$

■ **軸方向圧縮応力度の制限値 σ_{cud}** 　　　　　　　　➡ H29 道橋示 II-5-4-4

部材の断面二次半径 $r = \sqrt{\dfrac{I_y}{A}} = \sqrt{\dfrac{1\,303\,935\,937}{30\,450}} = 207$ mm

細長比 $\lambda = \dfrac{\text{弦長}}{r} = \dfrac{11\,413}{207} = 55 < 120$ 　　（圧縮主要部材）

∴ 安全 　　　　　　　　　　　　　　　　　　➡ H29 道橋示 II-5-2-2

弦材の格点は自由回転，すなわち両端ヒンジ支点で有効長は弦長となる．

■ **格点の二次応力の検討**

腹板高 / 部材長 = 490 / 11 413 = 1 / 23 < 1 / 10 　　　∴ OK

■ **細長比パラメータ $\bar{\lambda}$**

$$\bar{\lambda} = \frac{1}{\pi} \cdot \sqrt{\frac{\sigma_{yk}}{E}} \cdot \frac{l}{r} = \frac{1}{\pi} \times \sqrt{\frac{235}{2.0 \times 10^5}} \times \frac{11\,413}{207} = 0.60$$

表 2・6 より，$0.2 < \bar{\lambda} \le 1.0$ なので，

$$\rho_{crg} = 1.059 - 0.258\bar{\lambda} - 0.19\bar{\lambda}^2$$
$$= 1.059 - 0.258 \times 0.60 - 0.19 \times 0.60^2 = 0.84$$

■ **幅厚比パラメータ R**

211 ページの幅厚比パラメータ $R = 0.59$

∴ $\rho_{crl} = 1.00$ （幅厚比パラメータは 0.7 より小さいので局部座屈はない）

■ 軸方向力および曲げモーメントを受ける限界状態 3 の照査

$$\sigma_{cud} = \xi_1 \cdot \xi_2 \cdot \Phi_U \cdot \rho_{crg} \cdot \rho_{crl} \cdot \sigma_{yk}$$
$$= 0.90 \times 1.00 \times 0.85 \times 0.84$$
$$\times 1.00 \times 235 = 152 \ \text{N/mm}^2$$

ξ_1：調査・解析係数 = 0.90
ξ_2：部材・構造係数 = 1.00 ➡表2・5参照
Φ_U：抵抗係数 = 0.85
σ_{yk}：鋼材の降伏強度の特性値 = 235 N/mm^2 ➡表1・3参照

軸方向力と曲げモーメントを同時に受ける部材において，式**(5・18)**の関係であれば限界状態 3 を超えない．この式は第 1 項が軸方向圧縮応力度，第 2 項が橋軸まわりの曲げ応力度，第 3 項が弱軸まわりの曲げ応力度で構成されている．3 項のトータルで限界状態を照査している．なお，付加曲げモーメントは橋門構と斜材 D_1 の偏心した軸方向力によって生じた曲げモーメントのことである．

• 軸方向力が圧縮の場合

$$\frac{\sigma_{cd}}{\sigma_{cud}} + \frac{\sigma_{cyd}}{\sigma_{cuyd} \cdot \alpha_y} + \frac{\sigma_{czd}}{\sigma_{cuzd0} \cdot \alpha_z} \leqq 1 \tag{5・18}$$

σ_{cuyd}：曲げモーメントを受ける部材の曲げ圧縮応力度の制限値 σ_{cud} とする．
σ_{cuzd0}：曲げモーメントを受ける部材の曲げ圧縮応力度の制限値 σ_{cud} とする．
α_y, α_z：付加曲げモーメントの係数で強軸，弱軸まわりのオイラー座屈強度式
σ_{ey}, σ_{ez} 式を用い，σ_{cd} より次のように求める．

$$\sigma_{ey} = \frac{\pi^2 \cdot E \cdot I_y}{l^2 \cdot A} = \frac{\pi^2 \times 2.0 \times 10^5 \times 1.304 \times 10^9}{11\ 413^2 \times 30\ 450} = 648 \ [\text{N/mm}^2]$$

$$\therefore \ \alpha_y = 1 - \frac{\sigma_{cd}}{0.8\sigma_{ey}} = 1 - \frac{99}{0.8 \times 648} = 0.81$$

$$\sigma_{ez} = \frac{\pi^2 \cdot E \cdot I_n}{l^2 \cdot A} = \frac{\pi^2 \times 2.0 \times 10^5 \times 1.186 \times 10^9}{11\ 413^2 \times 30\ 450} = 590 \ [\text{N/mm}^2]$$

$$\therefore \ \alpha_z = 1 - \frac{\sigma_{cd}}{0.8\sigma_{ez}} = 1 - \frac{99}{0.8 \times 590} = 0.79$$

σ_{cud}：軸方向圧縮応力度の制限値
σ_{cyd}：強軸まわり曲げ応力度 (M_s / W_y)
σ_{czd}：弱軸まわり曲げ応力度 (M_s / W_n)
σ_{cd}：軸方向圧縮応力度

$$\frac{\sigma_{cd}}{\sigma_{cud}} + \frac{\sigma_{cyd}}{\sigma_{cuyd} \cdot \alpha_y} + \frac{\sigma_{czd}}{\sigma_{cuzd0} \cdot \alpha_z} = \frac{99}{152} + \frac{44}{180 \times 0.81} + \frac{42}{180 \times 0.79} = 1.2 > 1$$

1 を超えたならば断面の仮定まで戻り，板厚を増加するなどして式(5・18)の関係になるまで再計算をする．よって，式(5・18)の関係であれば，限界状態 3 を超えない．したがって，限界状態 1 も超えない．

第5章 トラス橋の設計

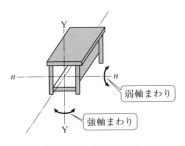

図 5・34　強軸と弱軸

(3) 引張部材 D_2 の設計

各条件は前出の通りとする．斜材 D_2 は引張部材であるので，H 形断面とする．ただし，交番応力や相反応力などが生じるか影響線上での移動荷重により確認を要す．ここでは，引張部材として照査する．

◼ 断面の決定

- 部材力 $D_2 = 2\,942$ kN $= 2.942 \times 10^6$ N
- 部材の幅 B は弦材腹板間幅より 3 mm 減じて $B = 490 - 3 = 487$ mm
- 高さ H は幅 B の 15% 減とする．$H = 487 \times (1 - 0.15) = 414$ mm
- 必要断面積 $A' = D_2 / 0.4\,\sigma_{yk} = 2.942 \times 10^6 / (0.4 \times 235) = 31\,298 = 3.1298 \times 10^4$ mm^2
- 板厚 $t = A' / (2H + B) = 3.1298 \times 10^4 / (2 \times 414 + 487) = 23.8$ mm　∴ $t = 23$ mm

■ 斜材 D_2 の断面積

図 5・35 より

$$A = (23 \times 414) \times 2 + 441 \times 23 = 29\,187$$
$$= 2.919 \times 10^4 \text{ mm}^2$$

■ 断面二次モーメント I_n

$$I_n = (441 \times 23^3 / 12) + (23 \times 414^3 / 12) \times 2$$
$$= 272\,452\,589 \text{ mm}^4 = 2.725 \times 10^8 \text{ mm}^4$$
$$I_y = (414 \times 487^3 - 391 \times 441^3) / 12$$
$$= 1\,190\,248\,844 = 1.190 \times 10^9 \text{ mm}^4$$
$$I_y = 11.90 \times 10^8 > I_n = 2.725 \times 10^8$$

∴ OK

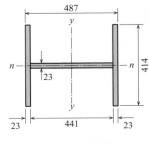

図 5・35　斜材 D_2

■ **断面二次半径 r**

$$r = \sqrt{\frac{I_n}{A}} = \sqrt{\frac{2.725 \times 10^8}{2.919 \times 10^4}} = 97 \text{ mm}$$

■ **細長比 λ**

$$\lambda = \frac{骨組長}{r} = \frac{11\ 413}{97} = 118 < 200 \qquad (表2\cdot1の引張主要部材) \quad \therefore \text{ OK}$$

2 耐荷性能の照査（軸方向引張力を受ける部材の照査）

断面力 D_2 は死荷重，活荷重のみで照査しているが，本来は地震の影響なども含め最大の組合せで照査する．

■ **軸方向引張応力度の制限値 σ_{tyd}（限界状態1）** ➡ H29 道橋示 II-5-3-5

式(2・3)より σ_{tyd} を求める．

$$\begin{aligned}\sigma_{tyd} &= \xi_1 \cdot \Phi_{yt} \cdot \sigma_{yk} \\ &= 0.90 \times 0.85 \times 235 = 179 \text{ N/mm}^2\end{aligned}$$

> ξ_1 ：調査・解析係数 = 0.90
> Φ_{yt} ：抵抗係数 = 0.85 ⎫ ➡表2・3 i)参照
> σ_{yk} ：鋼材の降伏強度の特性値 = 235 N/mm^2
> ➡表1・3 参照

■ **部材に生じる応力度 σ_t**

$$\sigma_t = D_2 / A = 2.942 \times 10^6 / 2.919 \times 10^4 = 100.8 \text{ N/mm}^2$$

■ **照査**

$$\sigma_{tyd} = 179 \text{ N/mm}^2 \geqq \sigma_t = 100.8 \text{ N/mm}^2 \qquad \therefore \text{ 限界状態1は超えない．}$$

■ **軸方向引張応力度の制限値 σ_{tud}（限界状態3）** ➡ H29 道橋示 II-5-4-5

式(2・4)より σ_{tud} を求める．

$$\begin{aligned}\sigma_{tud} &= \xi_1 \cdot \xi_2 \cdot \Phi_{Ut} \cdot \sigma_{yk} \\ &= 0.90 \times 1.00 \times 0.85 \times 235 \\ &= 179 \text{ N/mm}^2\end{aligned}$$

> ξ_1 ：調査・解析係数 = 0.90
> ξ_2 ：部材・構造係数 = 1.00 ⎫ ➡表2・4 i)参照
> Φ_{Ut} ：抵抗係数 = 0.85
> σ_{yk} ：鋼材の降伏強度の特性値 = 235 N/mm^2
> ➡表1・3 参照

■ **照査**

$$\sigma_{tud} = 179 \text{ N/mm}^2 \geqq \sigma_t = 100.8 \text{ N/mm}^2 \qquad \therefore \text{ 限界状態3は超えない．}$$

(4) 圧縮部材 D_3 の設計

各条件は前出の通りである．斜材 D_3 は圧縮部材であるので，**図5・36** に示す対称箱形断面とする．

1 断面の決定

・部材力 $D_3 = -2\ 067 \text{ kN} = -2.067 \times 10^6 \text{ N}$（以降絶対値で）

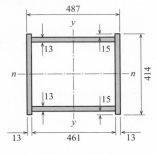

図5・36 斜材 D_2

（第5章 トラス橋の設計）

- 部材の幅 B は弦材腹板間幅より 3 mm 減じて，$B = 490 - 3 = 487$ mm
- 高さ H は幅 B の 15% 減とする．$H = 487 \times (1 - 0.15) = 414$ mm
- 必要断面積 $A' = D_3 / 0.4\,\sigma_{yk} = 2.067 \times 10^6 / (0.4 \times 235) = 21\,989 = 2.1989 \times 10^4\,\mathrm{mm}^2$
- 板厚 $t = A' / 2\,(H + B) = 2.1989 \times 10^4 / 2 \times (414 + 487) = 12.2$ mm　∴ $t = 13$ mm

■ 斜材 D_3 の断面積

図 5・36 より，

$$A = (13 \times 414 + 461 \times 13) \times 2 = 22\,750 = 2.275 \times 10^4\,\mathrm{mm}^2$$

■ 断面二次モーメント I_n，I_y の計算

$$I_n = \left(\frac{13 \times 414^3}{12} + \frac{461 \times 13^3}{12} + 461 \times 13 \times 185.5^2 \right) \times 2 = 5.663 \times 10^8\,\mathrm{mm}^4$$

$$I_y = \left(\frac{13 \times 461^3}{12} + \frac{414 \times 13^3}{12} + 414 \times 13 \times 237^2 \right) \times 2 = 8.170 \times 10^8\,\mathrm{mm}^4$$

■ $I_y > I_n$

$$I_y = 8.170 \times 10^8 > I_n = 5.663 \times 10^8\,\mathrm{mm}^4 \qquad ∴ \quad \text{OK}$$

■ 腹板断面比

$$\frac{A_w}{A} = \frac{10\,764\,\mathrm{mm}^2}{22\,750\,\mathrm{mm}^2} = 0.47 > 0.4 \qquad ∴ \quad 40\% \text{ 以上で安全}$$

2 耐荷性能の照査

軸方向圧縮力を受ける部材として式(2・11)により限界状態 3 を超えないことを確認する．同時に限界状態 1 も超えないことになる．

→ H29 道橋示 II-5-3-4，H29 道橋示 II-5-4-4

軸方向圧縮応力度の制限値 $\sigma_{cud} = \xi_1 \cdot \xi_2 \cdot \Phi_U \cdot \rho_{crg} \cdot \rho_{crl} \cdot \sigma_{yk} \geqq \sigma_c = D_3 / A$

■ 部材の断面二次半径 r

$$r = \sqrt{\frac{I_n}{A}} = \sqrt{\frac{5.663 \times 10^8}{2.275 \times 10^4}} = 158\,\mathrm{mm}$$

$$\text{細長比 } \lambda = \frac{\text{弦長}}{r} = \frac{11\,413}{158} = 72 < 120 \qquad (\text{表 2・1 の圧縮主要部材})$$

∴ 安全　　　　　　　　　　　　　　　　　　　　　　　→ H29 道橋示 II-5-2-2

弦材の格点は自由回転，すなわちヒンジ支点で有効長は弦長となる．

■ **格点の二次応力の検討**

腹板高 / 部材長 = 414 / 11 413 = 1 / 28 ＜ 1 / 10　　　　∴ OK

■ **細長比パラメータ $\bar{\lambda}$**

$$\bar{\lambda} = \frac{1}{\pi} \cdot \sqrt{\frac{\sigma_{yk}}{E}} \cdot \frac{l}{r} = \frac{1}{\pi} \times \sqrt{\frac{235}{2.0 \times 10^5}} \times \frac{11\,413}{158} = 0.79$$

表 2・6 より，$0.2 < \bar{\lambda} \leqq 1.0$ なので，

$$\rho_{crg} = 1.059 - 0.258\bar{\lambda} - 0.19\bar{\lambda}^2$$
$$= 1.059 - 0.258 \times 0.79 - 0.19 \times 0.79^2 = 0.74$$

■ **幅厚比パラメータ R**

$$R = \frac{b}{t} \cdot \sqrt{\frac{\sigma_{yk}}{E} \cdot \frac{12(1-\mu^2)}{\pi^2 \cdot k}}$$
$$= \frac{461}{13} \times \sqrt{\frac{235}{200\,000} \times \frac{12 \times (1 - 0.3^2)}{\pi^2 \times 4.0}} = 0.64$$

$t = 13$ mm，$b = 461$ mm，ポアソン比（鋼材）$\mu = 0.3$，座屈係数（両縁支持板）

$k = 4.0$

式（2・10）より，$0.7 > R = 0.63$ なので，$\rho_{crl} = 1.00$

σ_{cud} の部分係数を求める．

$$\sigma_{cud} = \xi_1 \cdot \xi_2 \cdot \Phi_U \cdot \rho_{crg} \cdot \rho_{crl} \cdot \sigma_{yk}$$
$$= 0.90 \times 1.00 \times 0.85 \times 0.74 \times 1.00 \times 235$$
$$= 133 \text{ N/mm}^2$$

$$\sigma_c = D_3 / A$$
$$= 2.067 \times 10^6 / 2.275 \times 10^4$$
$$= 91 \text{ N/mm}^2$$

$\sigma_{cud} = 133$ N/mm$^2 \geqq \sigma_c = 91$ N/mm^2

ξ_1：調査・解析係数 = 0.90
ξ_2：部材・構造係数 = 1.00　➡表2・5 i)参照
Φ_U：抵抗係数 = 0.85
σ_{yk}：鋼材の降伏強度の特性値 = 235 N/mm^2
➡表1・3参照

∴ 限界状態 3 を超えない．したがって，限界状態 1 も超えない．

8 | 連結部の設計

まぼろしのガセット

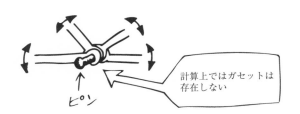

ピン

計算上ではガセットは存在しない

部材連結と格点連結の真実

トラス構造における連結には，**図5・37**に示すトラスの格点などのように異なる部材との接合と，図5・39に示す同種の部材を接合させて一つの部材とするものがある．ここでは接合で特徴のある点について述べ，具体的な計算は他の章と類似するので省略する．

ガセットによる連結

ガセットによる連結は，図5・37に示すように，弦材の腹板をそのままガセットとして広げるか，また接合部の板厚を溶接により増して連結する場合もある．弦材腹板にあらたにガセット板をあてがって接合する場合もある．計算上はヒンジ結合だが，現実は剛性結合となって曲げモーメントも発生している．連結の構造は図5・37のようである．

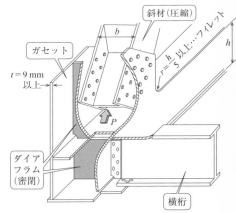

斜材（圧縮）

ガセット

$t = 9\,\text{mm}$ 以上

$r = \dfrac{h}{5}$ 以上…フィレット

b

h

P

ダイアフラム（密閉）

横桁

※フィレット：応力集中防止のため．
※ダイアフラム：格点などの応力が集中するところに設ける．

図5・37　ガセット連結構造

ガセットの板厚は 9 mm 以上とし，二次応力の縮小からもなるべく小さい面積で接合する．

弦材の連結

弦材の連結は**図 5・38** に示すように格点の近くがよい．これは，部材の中央では連結板などの自重による曲げモーメントが増加する．また主構縦断勾配を付ける場合でも，弦材の直線性を確保する意味から格点の近くで変化を付ける必要があるからである．

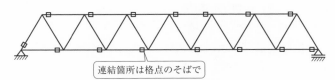

連結箇所は格点のそばで

図 5・38 弦材の連結位置

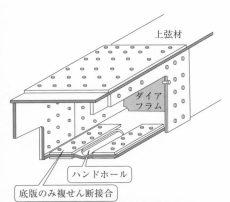

上弦材

ダイアフラム

ハンドホール

底版のみ複せん断接合

連結部には**図 5・39** に示すように，ボルト締め用のハンドホールを設けている．また，連結部には応力の集中が起こるので，図 5・39 と**図 5・40** に示すようなダイアフラムを設けている．この場合，部材内部を保護するために密閉している．

図 5・39 弦材連結構造

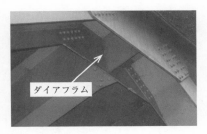

ダイアフラム

図 5・40 ダイアフラム

第 5 章のまとめの問題

問題 1　トラスの計算上の仮定を二つ述べよ.

問題 2　トラスの構造形式を三つあげよ.

問題 3　弦材の腹版の断面積は，全断面積の何 % 以上必要か.

問題 4　トラスの弦材に，曲げモーメントは作用するか．理由はなぜか.

問題 5　弦材の中立軸に関する断面二次モーメント I_n（横軸）と I_y（縦軸）では，どちらが大きい必要があるか.

問題 6　ダイアフラムはどのような役目をするか.

問題 7　上弦材の照査は，どのような部材として照査を行うのか.

問題 8　格点の設計で留意すべきことは何か.

第6章

その他の橋の特徴

　応用的な鋼構造物としてアーチ橋などのその他の橋について，その構造や特徴などを理解することにより，複雑な鋼構造物の設計法の考え方について学ぶ．

ポイント

▶ **ア ー チ 橋**……アーチとは，上向きに曲がった弓形状のはりで，両支点は固定またはヒンジで形成され，主として軸方向圧縮力で荷重に抵抗する構造をいう．　　　　　　　**➡ H29 道橋示 II-16-6**

▶ **ラーメン橋**……はりと柱の部材交点を剛結（がっちりとつなぎ合わせた）させた骨組構造である．　　　　　　　　　　　**➡ H29 道橋示 II-17-8**

▶ **格 子 桁 橋**……並列した主桁を，連続している横桁で格子状に組み主桁相互に荷重を分散させた構造である．　　　　　**➡ H29 道橋示 II-13-8**

▶ **合 成 桁 橋**……鋼桁と鉄筋コンクリートの特徴を相互に活かし，一体となって働くようにした複合構造物である．　　　　**➡ H29 道橋示 II-14-2**

▶ **斜　張　橋**……塔から斜めに張ったケーブルで桁をつっている．つっている支点はバネ支承として設計された構造物である．

　　　　　　　　　　　　　　　　　　　　　　　　　➡ H29 道橋示 II-18-1

▶ **吊　　　　橋**……塔の間に張られたケーブルで桁をつる構造物である．大支間の橋梁に向く．　　　　　　　　　　　　**➡ H29 道橋示 II-18-1**

1 アーチ橋

にじのかけ橋

弓状のはり

　アーチとは，上向きに曲がった弓形状のはりで，両支点は固定またはヒンジで形成され，主として軸方向圧縮力で荷重に抵抗する構造をいう．このようにアーチ構造を主体とした橋をアーチ橋という．

　アーチ橋は支点の状態によって**図6・1**のように分けられる．

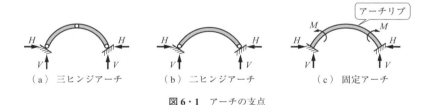

（a）三ヒンジアーチ　　（b）二ヒンジアーチ　　（c）固定アーチ

図6・1 アーチの支点

　図6・1において，(a)は「三ヒンジアーチ」で，静定構造物である．支点が若干移動しても，頂上のヒンジでアーチリブには異常な応力は生じない．例としては，大阪の桜宮橋がある．(b)は「二ヒンジアーチ」で，一次不静定である．(c)は「固定アーチ」で，三次不静定構造物で，支点には2方向の反力とモーメントが作用する．二ヒンジアーチ，固定アーチは，支点にわずかな移動が生じても，アーチリブに危険な応力が生じる．地盤の不良な箇所には用いられない（静定構造物とは $\Sigma V = 0$, $\Sigma H = 0$, $\Sigma M = 0$ のつり合いの3条件式で部材力が解析可能な構造物）．

　鋼アーチ橋には，アーチリブの構成によりいろいろな形式がある．**図 6・2** は
その例を図示したものである．アーチリブが充腹構造になっているのを「(a) ソ
リッドリブアーチ橋」といい，トラス構造になっているものを「(b) ブレースト
リブアーチ橋（**図 6・3** 西海橋）」という．

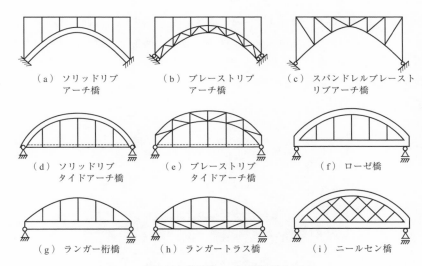

（a） ソリッドリブ　　　　　（b） ブレーストリブ　　　　　（c） スパンドレルブレースト
　　　アーチ橋　　　　　　　　　　アーチ橋　　　　　　　　　　　　リブアーチ橋

（d） ソリッドリブ　　　　　（e） ブレーストリブ　　　　　（f） ローゼ橋
　　　タイドアーチ橋　　　　　　　タイドアーチ橋

（g） ランガー桁橋　　　　　（h） ランガートラス橋　　　　（i） ニールセン橋

図 6・2　単径間アーチの構造形式

図 6・3　西海橋

第 6 章　その他の橋の特徴

　アーチ橋全体をトラスで組んだものを「(c) スパンドレルブレーストリブアーチ橋」という．アーチの両端を引張材（タイ）で連結して，アーチの両端に作用する水平応力を互いにつり合うようにしたものを「(d) タイドアーチ橋」という．アーチリブには軸方向圧縮力を受けもたせ，曲げモーメントおよびせん断力は，別に設けた補剛桁（またはトラス）で受けもたせる構造にしたアーチ橋を「(g) ランガー桁橋」という．タイドアーチ橋において，引張材の断面を大きくし，桁として，水平応力の他に曲げモーメントおよびせん断力を受けもたせるようにしたものを「(f) ローゼ橋」という．また，ローゼ橋の一種として垂直腹材を斜め引張材に置き換えたものを「(i) ニールセン橋」という．図 6・4，図 6・5，図 6・6 はアーチ橋の実例である．

図 6・4　永代橋（タイドアーチ橋）

図 6・5　音戸大橋（ランガー桁橋）

図6・6 松島橋（パイプリブアーチ橋）

2 | ラーメン橋

硬いラーメン

ラーメン橋 ラーメン（骨組み）橋は，ふつうの桁橋の橋台または橋脚を主桁に剛結して一体構造とした橋である．橋の本体をラーメンとする場合の例を**図6・7**に示す．地震時でも主桁の滑落は防げるなど耐震性には優れている．

➡ **H29 道橋示 II-17-8**

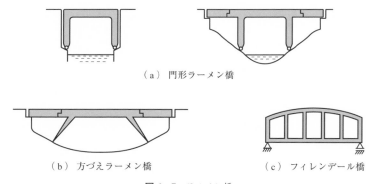

（a）門形ラーメン橋

（b）方づえラーメン橋　　　　（c）フィレンデール橋

図6・7　ラーメン橋

図6・8のお茶の水橋は，ラーメンの梁の部分を左右に張り出し図6・7（a）右図のようにゲルバー式ヒンジ桁で岸とつないだ構造である．

図6・9の豊海橋は，フィレンデール橋（考案者名）と呼ばれ，トラスにおいて，斜材を取り去り，上下弦材と垂直材とを剛結したものと見える．曲げモーメントが部材に生じるのでトラスではなく，ラーメン構造である．

図6・8　お茶の水橋

図6・9　豊海橋

　ラーメンでは，ぐう角部に，**図6・10**のように，負の曲げモーメントが生じるので，主桁に生じる正の曲げモーメントは小さくなる．したがって，桁高が低くなり，桁下空間を広くとることができる．

　ぐう角部（節点）は大きな曲げモーメントが作用し，かつ応力が集中するので，節点構造の設計には特に配慮が必要である．

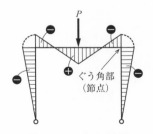

図6・10　モーメント図

3 | 格子桁橋

トランポリンはどの場所でも

動かないで

格子桁橋

　格子桁橋は，並列した主桁を，連続している横桁で格子状に組み，橋全体の剛性を大きくした構造の桁橋をいう.

　ふつうの鋼桁橋も対傾構などの床組によって格子構造になっているが，**図 6 · 11** (a) において，一つの主桁に作用する荷重は，すべてその主桁だけが受け持つと考える.

　これに対して，格子桁のほうは，図 6 · 11 (b) のように，荷重分配用の横桁を設けて，この協力によって，他の各主桁にも荷重を分担させるように設計計算したものである. 特に幅員の広い橋では，経済的な設計を行うことができる.

　格子桁橋では，ふつうの鋼桁橋に比べて，耳桁に作用する荷重が大きくなる. したがって，中桁よりも剛性の大きい断面となる.

➡ H29 道橋示 II-13-8

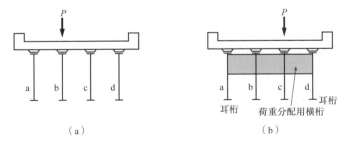

(a)　　　　　　　　　　　(b)

図 6 · 11　格子桁

**単純ばりと
格子桁**

単純プレートガーダー橋の設計荷重は，**図 6・12**（a）
に示すように，設計主桁の下に 1.000 をとった影響線を
用いる．そのため，他の主桁には設計荷重は伝わらない．
ところが格子桁では，図 6・12（b）に示すように，荷重分配横桁を介して設計
荷重の分散が行われる影響線となっている．このため，主桁断面を小さくするこ
とができる．一般に荷重分配横桁は支間の中央に配置される．

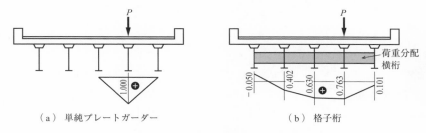

（a）　単純プレートガーダー　　　　　　（b）　格子桁

図 6・12　影響線のとりかた

図 6・13　格子桁（荷重分配横桁）

第6章

その他の橋の特徴

4 合成桁橋

夫婦は助けあい

あなたの不利な条件を補い
私は経済に当たります！

合成桁橋

　合成桁は，鋼桁と鉄筋コンクリート床版が一体となって働くように，鋼桁のフランジと床版とを**図6・14**のようなずれ止めによって合成し，鋼桁の上フランジに生じた圧縮応力を，床版のコンクリートでも受け持つようにしてある．

　合成桁は，材質の異なる，鋼と鉄筋コンクリートを組み合わせることにより，それぞれの不利な条件を補い，力学的に有利な構造としたものである．非合成の鋼桁よりも上フランジの断面を小さくでき，桁高も低くなるので，経済的な構造といえる．

→ H29 道橋示 II-14-1

ずれ止め

　ずれ止めは，鋼桁と床版を一体とするもので，鋼桁と床版の鉄筋コンクリート間の水平せん断力に抵抗し，床版が浮き上がって鋼桁と離れるのを防ぐ．

　ずれ止めの種類を**図6・15**に示す．図6・15の（a）はスタッド，（b）は溝形と

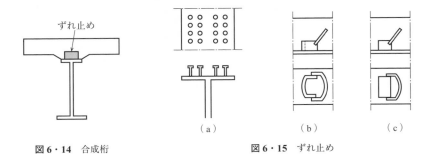

ずれ止め

（a）　　　　　（b）　　　　　（c）

図6・14　合成桁　　　　　図6・15　ずれ止め

輪形との併用，(c)はブロックと輪形との併用をそれぞれ表している．

合成桁の種類　合成桁には，コンクリート打設後の支保工の扱いによって，活荷重合成桁と死活荷重合成桁がある．

活荷重合成桁　活荷重合成桁は，鋼桁を2支点間に架設し，このままの状態で床版コンクリートを打設する．コンクリート硬化後，合成断面により舗装や高欄，活荷重を支える．**図6・16**に活荷重合成桁架設の応力度の変化を示す．

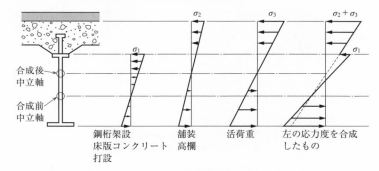

図6・16　活荷重合成桁の応力度変化

死活荷重合成桁　死活荷重合成桁は，**図6・17**に示すように支柱を立てて鋼桁を架設し，床版コンクリート，舗装，高欄を施工し，完成後支柱を取り去り，合成桁とする．

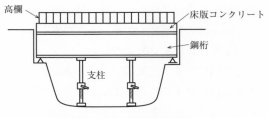

図6・17　死活荷重合成桁

5 斜張橋

庭松は雪に強い

おー
ガンバッテル

斜張橋

2径間または3径間の連続桁橋の中間橋脚に，**図6・18**のように塔から斜めの引張材によって，主桁を支持（バネ支持）する構造の橋を斜張橋という．

➡ H29 道橋示 II-18-1

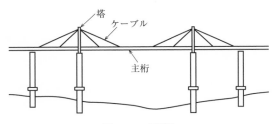

塔
ケーブル
主桁

図6・18　斜張橋

　この形式の橋がドイツのライン河に架けられて以来，その合理性，経済性およびすっきりした外観から，これまでに多くの斜張橋が建設された．

　斜張橋の特徴は構造形態の多様さにある．塔の数や形，ケーブルの張り方などさまざまである．したがって適用範囲も広く，支間長も大きいものは500mぐらいから，景観をかわれて歩道橋にまで及んでいる．

　しかし，ケーブルを主部材とする斜張橋は，他の構造形式に比べれば剛性が低い．そこで，風による振動に対するための手段を施さなければならないため，飛行機の翼に用いられているフラップを付けたりして，風の影響を小さくしている．

　図6・19は，斜張橋にふつう用いられているケーブルの張渡し形状を示す．

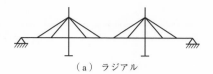
（a）ラジアル

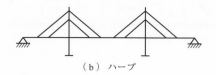
（b）ハープ

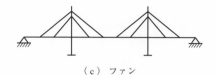
（c）ファン

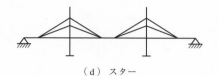
（d）スター

図 6・19　ケーブルの張渡し形状

図6・19の（a）は「ラジアル（放射形）」，（b）は「ハープ」，（c）は「ファン（扇形）」，（d）は「スター（星形）」である．

　塔の形状には，単柱式（1本柱，2本柱），A形，その他がある．**図6・20** は，丹沢湖にかかる永才橋で，塔の形状はA型である．**図6・21** は，工事中のベイブリッジで，**図6・22** は完成したベイブリッジである．

図 6・20　永才橋

図 6・21　工事中のベイブリッジ

図 6・22　ベイブリッジ

6 ┃ 吊橋

魚も荷重

吊橋は，ケーブルを主体として構成された橋である．一般にこのケーブルは曲げ剛性がほとんどなく，曲げモーメントを受けず軸方向引張力のみを受ける．主材料である引張力に強い高強度の鋼線（ピアノ線）が製造されたことが，吊橋の長大化を実現させた．

軽荷重の吊橋においては，単にケーブルに橋床をつり下げたものを無補剛吊橋という．この橋床にプレートガーダーまたはトラスを組み合わせて剛性をもたせると，荷重はこの桁を通じて広く分散するので，吊橋全体として剛性をもった構造となる．この構造を補剛吊橋という．また，その桁を補剛桁という．

吊橋にはさまざまな形式があるが，**図6・23**にそれぞれの代表例を示す．塔を地上に建てることができる（a）の場合，または，両側の径間が短い（b）の場合では，塔頂から控えケーブルを

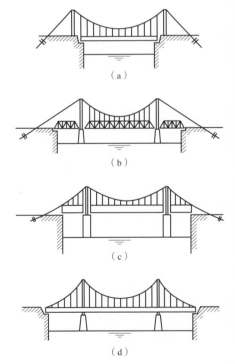

図6・23　吊橋の形式

直接地盤に定着する．中央径間とともに側径間も長くなると，側径間を単純橋形式の桁（トラス）だけで渡ることは困難になるので，側径間にもハンガーをつけてケーブルと桁（トラス）とを一体とした（c）の構造になる．現在の吊橋は，ほとんどがこの形式である．補剛桁または補剛トラスを連続構造とし，その両端にケーブルを定着したのが（d）の形式で，ケーブル両端の水平張力は，補剛桁に軸圧縮力として作用し，互いに打ち消し合い，ケーブルを地中に定着する必要はなくなる．この形式のものを「自定式吊橋」という． ➡ H29 道橋示 II-18-1

吊橋の実例

初期の吊橋は，ワイヤーケーブルではなく，鉄の板をピンで連結して連ねたチェーンケーブルを使用していた．わが国では関東大震災後，隅田川につくられた清洲橋（**図6・24**）が唯一の例である．この特徴は，ふつうの吊橋のようにケーブルを別に設けたアンカーブロックに固定せず，桁自体に定着させている．これが自定式チェーン吊橋である．**図6・25** と **図6・26** は瀬戸大橋で，高速道路のほかに列車も通過することができる「道路・鉄道併用橋」である．そのケーブルの太さは 1.062 m である．世界一の支間長は 2 023 m のトルコチャナッカレ 1915 橋である．2022 年 3 月開通，日本の明石海峡大橋 1 991 m は世界第 2 位となった．

図6・24　清洲橋

図6・25　瀬戸大橋

図6・26　瀬戸大橋ケーブル

第6章のまとめの問題

問題　1　アーチ橋の力学的な特徴を述べよ.

問題　2　合成桁はどのような力を何と合成したものか.

問題　3　図 6・a の橋の形式を（　　）に記入せよ.

問題　4　吊橋のケーブルにはどのような応力が作用するか述べよ.

① （　　　）

② （　　　）

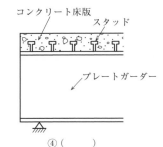

コンクリート床版

スタッド

プレートガーダー

③ （　　　）

④ （　　　）

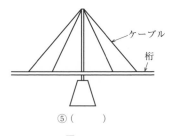

ケーブル

桁

⑤ （　　　）

図 6・a

付　　　　　録

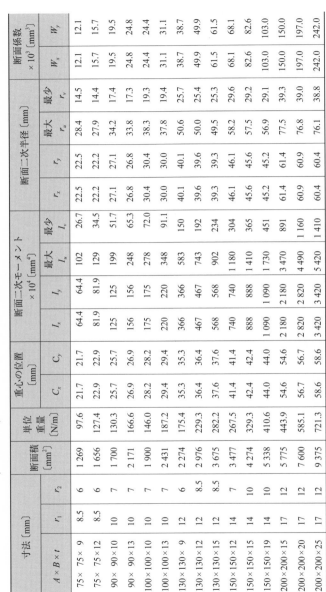

付　録

等辺山形鋼

断面二次モーメント　$I = ai^2$
断面二次半径　$i = \sqrt{I/a}$
断面係数　$W = I/e$
　a：断面積

寸法 [mm] A×B×t	r_1	r_2	断面積 [mm²]	単位重量 [N/m]	重心の位置 [mm]		断面二次モーメント ×10⁴ [mm⁴]				断面二次半径 [mm]				断面係数 ×10³ [mm³]	
					C_x	C_y	I_x	I_y	最大 I_u	最少 I_v	r_x	r_y	最大 r_u	最少 r_v	W_x	W_y
75× 75× 9	8.5	6	1 269	97.6	21.7	21.7	64.4	64.4	102	26.7	22.5	22.5	28.4	14.5	12.1	12.1
75× 75×12	8.5	6	1 656	127.4	22.9	22.9	81.9	81.9	129	34.5	22.2	22.2	27.9	14.4	15.7	15.7
90× 90×10	10	7	1 700	130.3	25.7	25.7	125	125	199	51.7	27.1	27.1	34.2	17.4	19.5	19.5
90× 90×13	10	7	2 171	166.6	26.9	26.9	156	156	248	65.3	26.8	26.8	33.8	17.3	24.8	24.8
100×100×10	10	7	1 900	146.0	28.2	28.2	175	175	278	72.0	30.4	30.4	38.3	19.3	24.4	24.4
100×100×13	10	7	2 431	187.2	29.4	29.4	220	220	348	91.1	30.0	30.0	37.8	19.4	31.1	31.1
130×130× 9	12	6	2 274	175.4	35.3	35.3	366	366	583	150	40.1	40.1	50.6	25.7	38.7	38.7
130×130×12	12	8.5	2 976	229.3	36.4	36.4	467	467	743	192	39.6	39.6	50.0	25.4	49.9	49.9
130×130×15	12	8.5	3 675	282.2	37.6	37.6	568	568	902	234	39.3	39.3	49.5	25.3	61.5	61.5
150×150×12	14	7	3 477	267.5	41.4	41.4	740	740	1 180	304	46.1	46.1	58.2	29.6	68.1	68.1
150×150×15	14	10	4 274	329.3	42.4	42.4	888	888	1 410	365	45.6	45.6	57.5	29.2	82.6	82.6
150×150×19	14	10	5 338	410.6	44.0	44.0	1 090	1 090	1 730	451	45.2	45.2	56.9	29.1	103.0	103.0
200×200×15	17	12	5 775	443.9	54.6	54.6	2 180	2 180	3 470	891	61.4	61.4	77.5	39.3	150.0	150.0
200×200×20	17	12	7 600	585.1	56.7	56.7	2 820	2 820	4 490	1 160	60.9	60.9	76.8	39.0	197.0	197.0
200×200×25	17	12	9 375	721.3	58.6	58.6	3 420	3 420	5 420	1 410	60.4	60.4	76.1	38.8	242.0	242.0

(JIS G 3192–1997 参照)

【注】単位重量を質量に変換する場合は 9.80665 で除する（単位は kg/m）.

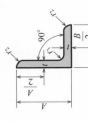

不等辺山形鋼

断面二次モーメント $I = a i^2$
断面二次半径 $r = \sqrt{I/a}$
断面係数 $W = I/e$
a：断面積

寸法 [mm]			断面積 [mm²]	単位重量 [N/m]	重心の位置 [mm]		断面二次モーメント ×10⁴ [mm⁴]				断面二次半径 [mm]				tan α	断面係数 ×10³ [mm³]	
$A \times B \times t$	r_1	r_2			C_x	C_y	I_x	I_y	最大 I_u	最少 I_v	r_x	r_y	最大 r_u	最少 r_v		W_x	W_y
90× 75× 9	8.5	6	1 404	107.8	27.5	20.0	109	68.1	143	34.1	27.8	22.0	31.9	15.6	0.676	17.4	12.4
100× 75× 7	10	5	1 187	91.3	30.6	18.3	118	56.9	144	30.8	31.5	21.9	34.9	16.1	0.548	17.0	10.0
100× 75×10	10	7	1 650	127.4	31.7	19.4	159	76.1	194	41.3	31.1	21.5	34.3	15.8	0.543	23.3	13.7
125× 75× 7	10	5	1 362	104.9	41.0	16.4	219	60.4	243	36.4	40.1	21.1	42.3	16.4	0.362	26.1	10.3
125× 75×10	10	7	1 900	146.0	42.2	17.5	299	80.8	330	49.0	39.6	20.6	41.7	16.1	0.357	36.1	14.1
125× 75×13	10	7	2 431	187.2	43.5	18.7	376	101	415	61.9	39.3	20.4	41.3	16.0	0.352	46.1	17.9
125× 90×10	10	7	2 050	157.8	39.5	22.2	318	138	380	76.2	39.4	25.9	43.0	19.3	0.505	37.2	20.3
125× 90×13	10	7	2 626	201.9	40.7	23.4	401	173	477	96.3	39.1	25.7	42.6	19.1	0.501	47.5	25.9
150× 90× 9	12	6	2 094	160.7	49.5	19.9	485	133	537	80.4	48.1	25.2	50.6	19.6	0.361	48.2	19.0
150× 90×12	12	8.5	2 736	210.7	50.7	21.0	619	167	685	102	47.6	24.7	50.0	19.3	0.357	62.3	24.3
150×100× 9	12	6	2 184	167.6	47.6	23.0	502	181	579	104	47.9	28.8	51.5	21.8	0.439	49.1	23.5
150×100×12	12	8.5	2 856	219.5	48.8	24.1	642	228	738	132	47.4	28.3	50.9	21.5	0.435	63.4	30.1
150×100×15	12	8.5	3 525	271.5	50.0	25.3	782	276	897	161	47.1	28.0	50.4	21.4	0.431	78.2	37.0

(JIS G 3192–1997 参照)

【注】単位重量を質量に変換する場合は 9.80665 で除する（単位は kg/m）.

付録

―― H形鋼 ――

断面二次モーメント　$I = ai^2$
断面二次半径　$i = \sqrt{I/a}$
断面係数　$W = I/e$
a：断面積

寸法 [mm]				断面積 [mm²]	単位重量 [N/m]	断面二次モーメント ×10⁴ [mm⁴]		断面二次半径 [mm]		断面係数 ×10³ [mm³]	
$H \times B$	t_1	t_2	r			I_x	I_y	r_x	r_y	W_x	W_y
500×200	10	16	20	11 420	878.1	47 800	2 140	205	43.3	1 910	214
596×199	10	15	22	12 050	927.1	68 700	1 980	239	40.5	2 310	199
600×200	11	17	22	13 440	1 038.8	77 600	2 280	240	41.2	2 590	228
606×201	12	20	22	15 250	1 176.0	90 400	2 720	243	42.2	2 980	271
582×300	12	17	28	17 450	1 342.6	103 000	7 670	243	66.3	3 530	511
588×300	12	20	28	19 250	1 479.8	118 000	9 020	248	68.5	4 020	601
692×300	13	20	28	21 150	1 626.8	172 000	9 020	286	65.3	4 980	602
700×300	13	24	28	23 550	1 813.0	201 000	10 800	293	67.8	5 760	722
792×300	14	22	28	24 340	1 871.8	254 000	9 930	323	63.9	6 410	662
800×300	14	26	28	26 740	2 058.0	292 000	11 700	330	66.2	7 290	782
890×299	15	23	28	27 090	2 087.4	345 000	10 300	357	61.6	7 760	688
900×300	16	28	28	30 980	2 381.4	411 000	12 600	364	63.9	9 140	843
912×302	18	34	28	36 400	2 802.8	498 000	15 700	370	65.6	10 900	1 040

(JIS G 3192–1997 参照)

【注】単位重量を質量に変換する場合は 9.80665 で除する（単位は kg/m）．

I 形鋼

断面二次モーメント $I = a x^2$
断面二次半径 $r = \sqrt{I/a}$
断面係数 $W = I/e$
a : 断面積

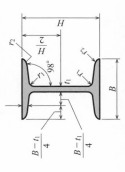

| 寸法 [mm] | | | | | 断面積 | 単位重量 | 重心の位置 [mm] | | 断面二次モーメント ×10⁴ | | 断面二次半径 [mm] | | 断面係数 ×10³ | |
$H \times B$	t_1	t_2	r_1	r_2	(mm²)	(N/m)	C_x	C_y	I_x	I_y	r_x	r_y	W_x	W_y
200×150	9	16	15	7.5	6 416	493.9	0	0	4 460	753	83.4	34.3	446	10.0
250×125	7.5	12.5	12	6	4 879	375.3	0	0	5 180	337	103	26.3	414	53.9
250×125	10	19	21	10.5	7 073	543.9	0	0	7 310	538	102	27.6	585	86.0
300×150	8	13	12	6	6 158	473.3	0	0	9 480	588	124	30.9	632	78.4
300×150	10	18.5	19	9.5	8 347	641.9	0	0	12 700	886	123	32.6	849	118
300×150	11.5	22	23	11.5	9 788	752.6	0	0	14 700	1 080	122	33.2	978	143
350×150	9	15	13	6.5	7 458	573.3	0	0	15 200	702	143	30.7	870	93.5
350×150	12	24	25	12.5	11 110	854.6	0	0	22 400	1 180	142	32.6	1 280	158
400×150	10	18	17	8.5	9 173	705.6	0	0	24 100	864	162	30.7	1 200	115
400×150	12.5	25	27	13.5	12 210	938.8	0	0	31 700	1 240	161	31.8	1 580	165
450×175	11	20	19	9.5	11 680	898.7	0	0	39 200	1 510	183	36.0	1 740	173
450×175	13	26	27	13.5	14 610	1 127.0	0	0	48 800	2 020	183	37.2	2 170	231
600×190	13	25	25	12.5	16 940	1 303.4	0	0	98 400	2 460	241	38.1	3 280	259
600×190	16	35	38	17.5	22 450	1 724.8	0	0	130 000	3 540	241	39.7	4 330	373

(JIS G 3192-1997 参照)

【注】単位重量を質量に変換する場合は 9.80665 で除する（単位は kg/m）．

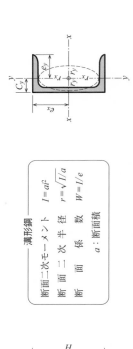

溝形鋼

断面二次モーメント　$I = ai^2$
断面二次半径　$r = \sqrt{I/a}$
断面係数　$W = I/e$
a：断面積

$H \times B$	寸法 [mm]				断面積 [mm²]	単位重量 [N/m]	重心の位置 [mm]		断面二次モーメント ×10⁴ [mm⁴]		断面二次半径 [mm]		断面係数 ×10³ [mm³]	
	t_1	t_2	r_1	r_2			C_x	C_y	I_x	I_y	r_x	r_y	W_x	W_y
200×80	7.5	11	12	6	3 133	241.1	0	22.1	1 950	168	78.8	23.2	195	29.1
200×90	8	13.5	14	7	3 865	296.9	0	27.4	2 490	277	80.2	26.8	249	44.2
250×90	9	13	14	7	4 407	339.1	0	24.0	4 180	294	97.4	25.8	334	44.5
250×90	11	14.5	17	8.5	5 117	394.0	0	24.0	4 680	329	95.6	25.4	374	49.9
300×90	9	13	14	7	4 857	373.4	0	22.2	6 440	309	115	25.2	429	45.7
300×90	10	15.5	19	9.5	5 574	429.2	0	23.4	7 410	360	115	25.4	494	54.1
300×90	12	16	19	9.5	6 190	476.3	0	22.8	7 870	379	113	24.8	525	56.4
380×100	10.5	16	18	9	6 939	534.1	0	24.1	14 500	535	145	27.8	763	70.5
380×100	13	16.5	18	9	7 896	607.6	0	23.3	15 600	565	141	26.7	823	73.6
380×100	13	20	24	12	8 571	659.5	0	25.4	17 600	655	143	27.6	926	87.8

(JIS G 3192-1997 参照)

【注】 単位重量を質量に変換する場合は 9.80665 で除する（単位は kg/m）．

参考文献

1. 日本道路協会：道路橋示方書・同解説［I 共通編，II 鋼橋・鋼部材編，III コンクリート橋・コンクリート部材編，IV 下部構造編，V 耐震設計編］(2017).
2. 日本橋梁建設協会：合成桁の設計例と解説 〜道示 平成 29 年 11 月版対応〜 (2018).
3. 日本道路協会：平成 29 年道路橋示方書に基づく道路橋の設計計算例 (2018).

まとめの問題解答

第 1 章

問題 1 鋼材は炭素含有量 0.02 ～ 2.1 %, 純鉄の炭素含有量は 0 ～ 0.02 % 軟らかい.

➡ 2 ページ参照

問題 2 軟鋼の炭素含有量 0.2 ～ 0.3 %, 硬鋼では 0.5 ～ 0.8 %.

➡ 2 ページ参照

問題 3 鋼構造は材料が均質, 重量当たりの強度大, 養生期間不要, 補修も容易, 欠点は腐食しやすい, 熱に弱い, コンクリートは逆である.

➡ 3 ページ参照

問題 4 鋼橋に用いる基準書では, 道路橋示方書, コンクリート標準示方書など.

➡ viii ページ参照

問題 5 設計計画の維持管理も含めた前提条件 ➡ 設計条件 ➡ 断面仮定 ➡ 性能照査 (耐荷性能, 耐久性能, その他の性能).

➡ 19 ページ参照

問題 6 高速自動車国道, 一般国道など大型車の走行が多い場合に用いる設計荷重.

➡ 21 ページ参照

問題 7 降伏点強度や引張強度などの限界状態を用いて, 作用側抵抗側双方に対して統計確率論に基づく係数処理したきめ細かい設計法である.

➡ 10 ページ参照

問題 8 自重のことで, 設計当初は仮定して計算する. 断面決定後は再計算し, 異なれば修正計算する.

➡ 20 ページ参照

問題 9 作用荷重自体のバラツキ補正の荷重係数 γ_q と荷重の同時載荷の補正として荷重組合せ係数 γ_p がある. 作用力に乗じて作用力を増減させる.

➡ 10 ページ参照

問題10 活荷重の移動とともに発生する活荷重以上の荷重が衝撃として生じる. 支間が短いと大きく, 自重が小さいほど大きくなる.

➡ 23 ページ参照

問題11 風速 40 m/s. 標準的な風速を 40 m/s と定め, 作用力を算出する.

➡ 24 ページ参照

問題12 軸方向力, 曲げモーメント, せん断力.

➡ 4 ページ参照

問題13 制限値は，構造物が作用荷重に対して抵抗できる抵抗側の力で，許容力である．限界状態を超えないとみなせる抵抗力のこと． ➡ 4 ページ参照

問題14 断面の大きさによって構造物の抵抗値や作用力が変わるが，断面寸法も寸法に応じた特性値を持っているといえる． ➡ 4 ページ参照

問題15 荷重組合せ係数 γ_p は，地震時と活荷重のように同時に作用することが少ない．このような場合に表 1・7 に示す組合せに応じて定められた係数で作用する荷重を減少させる． ➡ 10 ページ参照

問題16 材料や施工時のバラツキを統計的に補正する抵抗側の係数である． ➡ 10 ページ参照

問題17 耐荷性能を照査する限界状態の基準で，限界状態 1 は支持能力が損なわれていない状態（弾性限度内），限界状態 3 は落橋などの致命的な状態ではない限界状態（破断寸前）． ➡ 17 ページ参照

問題18 耐荷性能（限界状態 1 ～ 3），耐久性能（疲労，錆（さび）），その他の性能（たわみ，衝突，落橋）． ➡ 16 ページ参照

問題19 維持管理も含めて 100 年と定めている． ➡ 16 ページ参照

第 2 章

問題 1 ストランドロープ，ロックドコイルロープ，平行線ストランド． ➡ 32 ページ参照

問題 2 腐食や運搬中のたわみなどを考慮して一般には 8 mm 以上とする． ➡ 30 ページ参照

問題 3 接合などであけた孔は引張力を伝えない．断面積から差し引く．差し引かれた断面積を純断面積という． ➡ 33 ページ参照

問題 4 細長比は，作用軸方向と直角方向の長さと，作用軸方向の長さの比で，圧縮部材では特に留意する必要がある． ➡ 38 ページ参照

問題 5 式（2・3）より，
軸方向引張応力度 $\sigma_{tyd} = \xi_1 \cdot \Phi_{yt} \cdot \sigma_{yk} = 0.90 \times 0.85 \times 235 = 179 \ \text{N/mm}^2$
∴ 発揮できる力 P は，$P = \sigma_{tyd} \cdot A = 179 \times 200 = 35\,800 \ \text{N}$ まで． ➡ 34 ページ参照

問題 6 全体座屈は柱状座屈，局部座屈は局部の面外変位で座屈破壊する． ➡ 39 ページ参照

問題 7 自由突出板の方が局部座屈を起こしやすい．一般に両縁支持などの固定が多いほど座屈しにくい．座屈係数 k でも 10 倍の差がある． → 42 ページ参照

問題 8 幅厚比は板厚が薄い方が座屈しやすい．細長比は細長いほど座屈しやすい． → 41 ページ参照

問題 9 全体の剛性を確保するために引張部材も限度を設けている． → 29 ページ参照

問題10 活荷重と死荷重において，完全に符合が入れ替わるのが交番応力，入れ替わらないものを相反応力という．両者とも疲労破壊を起こしやすい． → 31 ページ参照

問題11 途中を支持する，断面二次半径（断面）を増加する，板厚増加など． → 38 ページ参照

問題12 断面二次半径が大きくなると細長比が小さくなる．同じ断面積でもパイプ化すると断面二次半径は大きくなる． → 38 ページ参照

問題 13 断面二次モーメントは，曲げに抵抗する数値で，中立軸より離れた部位に断面積があると二乗的に大きくなる． → 48 ページ参照

第3章

問題 1 溶接接合，高力ボルト摩擦接合など． → 62 ページ参照

問題 2 開先溶接（グルーブ溶接），すみ肉溶接． → 65 ページ参照

問題 3 母材の薄い方の厚さとする． → 69 ページ参照

問題 4 サイズ s に $\cos 45°$ を乗じた値． → 70 ページ参照

問題 5 有効長 $l = 400 - 2 \times 10 = 380$ mm（エンドタブは用いてない） → 72 ページ参照

$$\sigma = \frac{P}{\Sigma al} = \frac{5.096 \times 10^5}{10 \times 380} = 134 \text{ N/mm}^2$$ → 74 ページ参照

問題 6 のど厚は $a = 6 \times 0.707 = 4.242$ mm.

まわし溶接をしているので有効長 l は，$l = 150 \times 2 = 300$ mm

$$\therefore \tau = \frac{P}{\Sigma al} = \frac{1.96 \times 10^5}{4.242 \times 300} = 154 \text{ N/mm}^2$$ → 77 ページ参照

問題 7 M22 F8T を用いるので 1 摩擦面 1 本のボルトの特性値 $V_{fk} = 66$ kN → 89 ページ参照

問題 8 ボルト 1 本の制限値 $V_{fyd} = \xi_1 \cdot \Phi_{Mfv} \cdot V_{fk} \cdot m = 0.90 \times 0.85 \times 66 \times 2 = 100$ kN

（切捨て），作用力 $P = 392$ kN に対する本数 $n = \dfrac{P}{V_{fyd}} = \dfrac{392}{100} = 3.92$ 本

∴ 二列の 6 本とする.

（→ 89 ページ参照）

問題 9 この塗料は亜鉛粉末を多く含んでおり，鉄よりイオン化傾向が大きいので鉄の腐食防止となる．またすべり係数は粗面で 0.4，塗面で 0.45 と向上する．塗装により摩擦接合の特性値を 12% 程度改善する．（→ 89 ページ参照）

問題 10 開先溶接である．（→ 66 ページ参照）

問題 11 千鳥打ちはボルト接合部を小さくできる．トラス格点の二次応力の縮小などに役立つ．（→ 84 ページ参照）

第 4 章

問題 1 L 荷重を用いる．T 荷重が直接作用しないので，線荷重や分布荷重として作用させた方がより現実的である．（→ 99 ページ参照）

問題 2 床版，対傾構，補剛材など．（→ 98 ページ参照）

問題 3 主桁高の 1.5 倍以内．（→ 106 ページ参照）

問題 4 鉄筋表面からコンクリート外面からの最短距離，鉄筋とコンクリートの付着力確保，鉄筋の保護，最低限度が決められている．（→ 111 ページ参照）

問題 5 設計対象の主桁に最も大きな力が作用するように載荷すること．（→ 119 ページ参照）

問題 6 77 kN/m³.（→ 21 ページ参照）

問題 7 曲げモーメントが小さくなる支点付近のフランジは断面最少にする．幅と厚さを 1 対 5 より緩やかな減少とする．腹板は断面変化させない．

（→ 107 ページ参照）

問題 8 部材の縁端とボルト孔の距離は，部材とボルト間での力の伝達や雨水の侵入防止を配慮して定められている．（→ 85 ページ参照）

問題 9 コンクリートよりも鉄筋の降伏が後になると，コンクリートに高圧縮力が生じ急激な破壊となるので好ましくない．コンクリートの降伏が後の方がよい（鉄筋の伸びにより穏やかな破壊となる）．（→ 115, 117 ページ参照）

問題 10 圧縮を受ける自由突出板として，また曲げモーメントを受ける圧縮部材として照査する．局部座屈や横倒れ座屈を想定して限界状態 3 の照査をする．（→ 39, 126 ページ参照）

第5章

問題1 格点はヒンジである．外力はすべて格点に作用する． ➡ 179，180 ページ参照

問題2 ワーレントラス，プラットトラス，ハウトラス． ➡ 183 ページ参照

問題3 40％以上とし，$I_n \leqq I_y$ として格点の剛結の影響を抑える． ➡ 199 ページ参照

問題4 理論上は作用しない．自重や温度変化で発生するが無視する．格点構造を小さくすることで少なくできる． ➡ 220 ページ参照

問題5 $I_y > I_n$ として横方向の座屈に抵抗させる．縦方向は弦材や斜材が一体となり強力である． ➡ 199 ページ参照

問題6 連結部で，応力集中する部分に局部座屈防止や腐食防止のためなどの内部保護のために板を溶接する．補剛材としての役目を持っている．

➡ 220 ～ 221 ページ参照

問題7 曲げは生じないので軸方向圧縮力を受ける部材として，また，断面としては両縁支持板として照査する． ➡ 202 ページ参照

問題8 ヒンジ構造と仮定しているので，なるべく小さくする． ➡ 220 ページ参照

第6章

問題1 アーチ橋は作用する力を主として軸力に変換して支点に伝える． ➡ 225 ページ参照

問題2 コンクリートは圧縮に強く，鋼は引張りに強いという性質を利用し，圧縮フランジに作用する力をコンクリートに伝えて受け持たせる．

➡ 232 ページ参照

問題3 ①アーチ橋，②吊橋，③方づえラーメン橋，④合成桁橋，⑤斜張橋

➡ 224 ～ 237 ページ参照

問題4 メインケーブル，ハンガロープとも，曲げ剛性がほとんどなく，引張応力のみが作用する． ➡ 236 ページ参照

索　引

〈監修者略歴〉

粟 津 清 蔵（あわづ　せいぞう）

　　昭和19年　日本大学工学部卒業
　　昭和33年　工学博士
　　　　　　　日本大学名誉教授

〈著者略歴〉

田 島 富 男（たじま　とみお）

　　昭和44年　日本大学理工学部卒業
　　　　　　　元東京都立町田工業高等学校教頭
　　　現在　　トミー建設資格教育研究所

徳 山　　昭（とくやま　あきら）

　　昭和40年　関東学院大学工学部卒業
　　　　　　　元神奈川県立藤沢工業高等学校教諭

- 本書の内容に関する質問は，オーム社ホームページの「サポート」から，「お問合せ」の「書籍に関するお問合せ」をご参照いただくか，または書状にてオーム社編集局宛にお願いします．お受けできる質問は本書で紹介した内容に限らせていただきます．なお，電話での質問にはお答えできませんので，あらかじめご了承ください．
- 万一，落丁・乱丁の場合は，送料当社負担でお取替えいたします．当社販売課宛にお送りください．
- 本書の一部の複写複製を希望される場合は，本書扉裏を参照してください．
 JCOPY ＜出版者著作権管理機構 委託出版物＞

絵とき　鋼構造の設計（改訂4版）

1994 年 4 月 20 日	第 1 版第 1 刷発行	
1995 年 4 月 3 日	改訂 2 版第 1 刷発行	
2003 年 7 月 20 日	改訂 3 版第 1 刷発行	
2022 年 6 月 22 日	改訂 4 版第 1 刷発行	

著　　者　　田 島 富 男
　　　　　　徳 山　　昭
発 行 者　　村 上 和 夫
発 行 所　　株式会社　オーム社
　　　　　　郵便番号　101-8460
　　　　　　東京都千代田区神田錦町 3-1
　　　　　　電話　03(3233)0641（代表）
　　　　　　URL　https://www.ohmsha.co.jp/

© 田島富男・徳山　昭 2022

印刷・製本　三美印刷
ISBN978-4-274-22870-4　Printed in Japan

本書の感想募集 https://www.ohmsha.co.jp/kansou/

本書をお読みになった感想を上記サイトまでお寄せください．
お寄せいただいた方には，抽選でプレゼントを差し上げます．

ハンディブック 土木 第3版

粟津清蔵【監修】

A5判・692頁
定価(本体4500円【税別】)

土木の基礎から実際までが体系的に学べる！待望の第3版！

初学者でも土木の基礎から実際まで全般的かつ体系的に理解できるよう，項目毎の読み切りスタイルで，わかりやすく，かつ親しみやすくまとめています．改訂2版刊行後の技術的進展や関連諸法規等の整備・改正に対応し，今日的観点でいっそう読みやすい新版化としてまとめました．

本書の特長・活用法

1 どこから読んでもすばやく理解できます！

テーマごとのページ区切り，ポイント 解説 関連事項 の順に要点をわかりやすく解説．記憶しやすく，復習にも便利です．

2 実力養成の最短コース，これで安心！勉強の力強い助っ人！

繰り返し，読んで覚えて，これだけで安心．例題 必ず覚えておく を随所に設けました．

3 将来にわたって，必ず役立ちます！

各テーマを基礎から応用までしっかり解説．新情報，応用例などを 知っておくと便利 応用知識 でカバーしています．

4 プロの方でも毎日使える内容！

若い技術者のみなさんが，いつも手もとに置いて活用できます．実務に役立つ トピックス などで，必要な情報，新技術をカバーしました．

5 キーワードへのアクセスが簡単！

キーワードを本文左側にセレクト．その他の用語とあわせて索引に一括掲載し，便利な用語事典として活用できます．

6 わかりやすく工夫された図・表を豊富に掲載！

イラスト・図表が豊富で，親しみやすいレイアウト．読みやすさ，使いやすさを工夫しました．

もっと詳しい情報をお届けできます． ホームページ **https://www.ohmsha.co.jp/**

◎書店に商品がない場合または直接ご注文の場合も右記宛にご連絡ください．

TEL／FAX **TEL.03-3233-0643 FAX.03-3233-3440**

（定価は変更される場合があります）